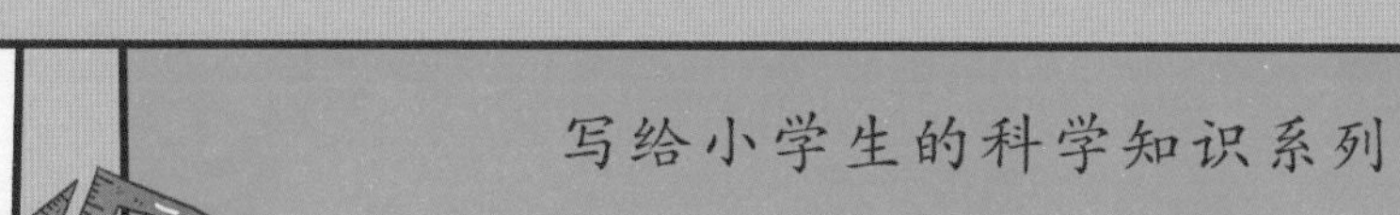

写给小学生的科学知识系列

数学这么简单

数字的伟大功绩

刘　刚◎编著

吉林科学技术出版社

图书在版编目（CIP）数据

数学这么简单 / 刘刚编著 . -- 长春 : 吉林科学技术出版社 , 2024.2

（写给小学生的科学知识系列 / 吴鹏主编）

ISBN 978-7-5578-9837-3

Ⅰ . ①数… Ⅱ . ①刘… Ⅲ . ①数学—少儿读物 Ⅳ . ① O1-49

中国版本图书馆 CIP 数据核字 (2022) 第 182086 号

写给小学生的科学知识系列

数学这么简单

SHUXUE ZHEME JIANDAN

编　　著　刘　刚
出 版 人　宛　霞
责任编辑　李万良
助理编辑　宿迪超　周　禹　郭劲松　徐海韬
封面设计　长春美印图文设计有限公司
美术编辑　黄雪军
制　　版　上品励合（北京）文化传播有限公司
幅面尺寸　170 mm × 240 mm
开　　本　16
字　　数　150 千字
印　　张　12
页　　数　192
印　　数　1-6000 册
版　　次　2024 年 2 月第 1 版
印　　次　2024 年 2 月第 1 次印刷

出　　版　吉林科学技术出版社
发　　行　吉林科学技术出版社
社　　址　长春市福祉大路 5788 号出版大厦 A 座
邮　　编　130118
发行部电话 / 传真　0431-81629529　81629530　81629531
81629532　81629533　81629534
储运部电话　0431-86059116
编辑部电话　0431-81629378
印　　刷　长春百花彩印有限公司

书　　号　ISBN 978-7-5578-9837-3
定　　价　90.00 元（全 3 册）

目录

思维导图

数的认识

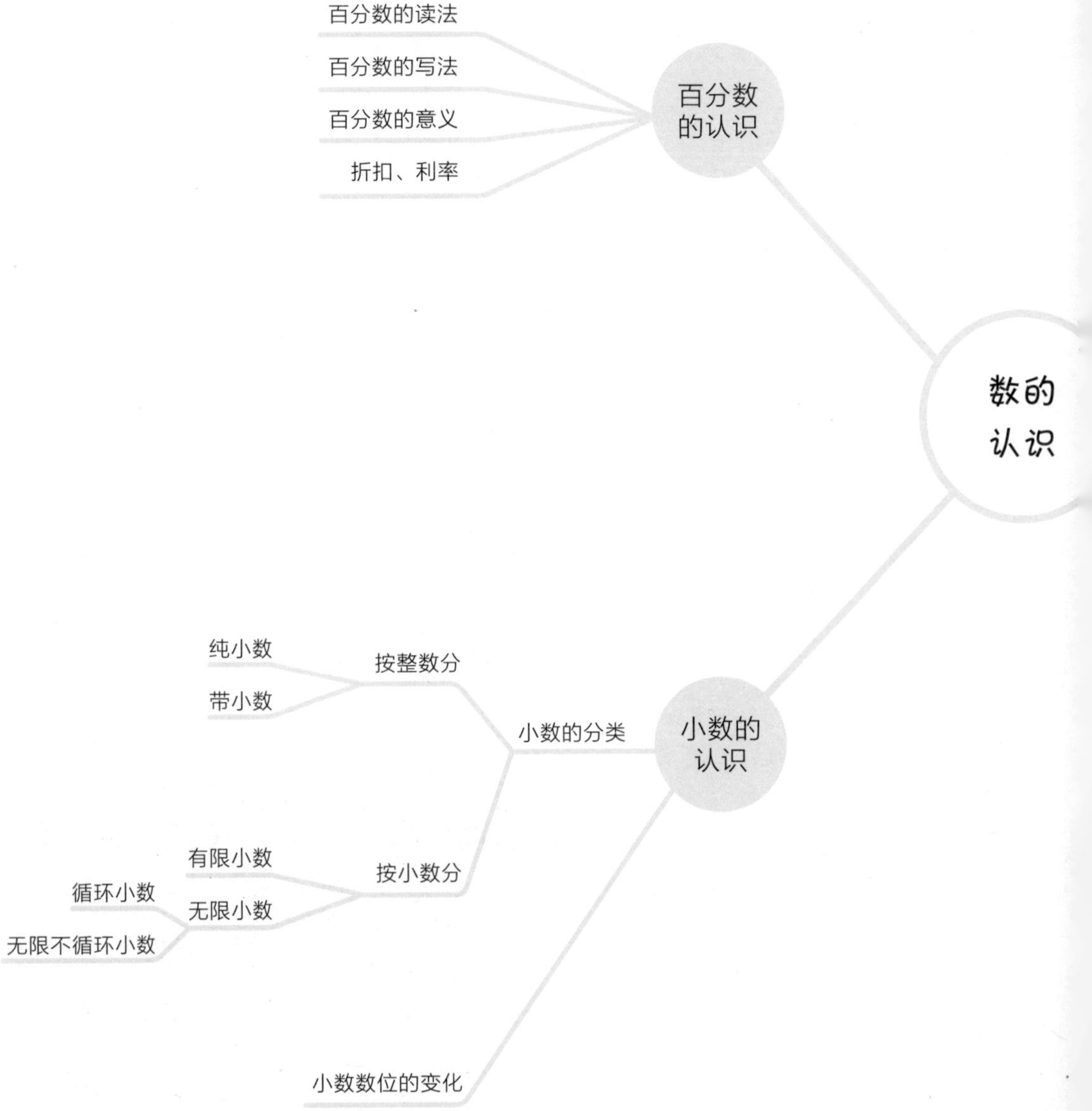

数的认识

百分数的认识
- 百分数的读法
- 百分数的写法
- 百分数的意义
- 折扣、利率

小数的认识
- 小数的分类
  - 按整数分
    - 纯小数
    - 带小数
  - 按小数分
    - 有限小数
    - 无限小数
      - 循环小数
      - 无限不循环小数
- 小数数位的变化

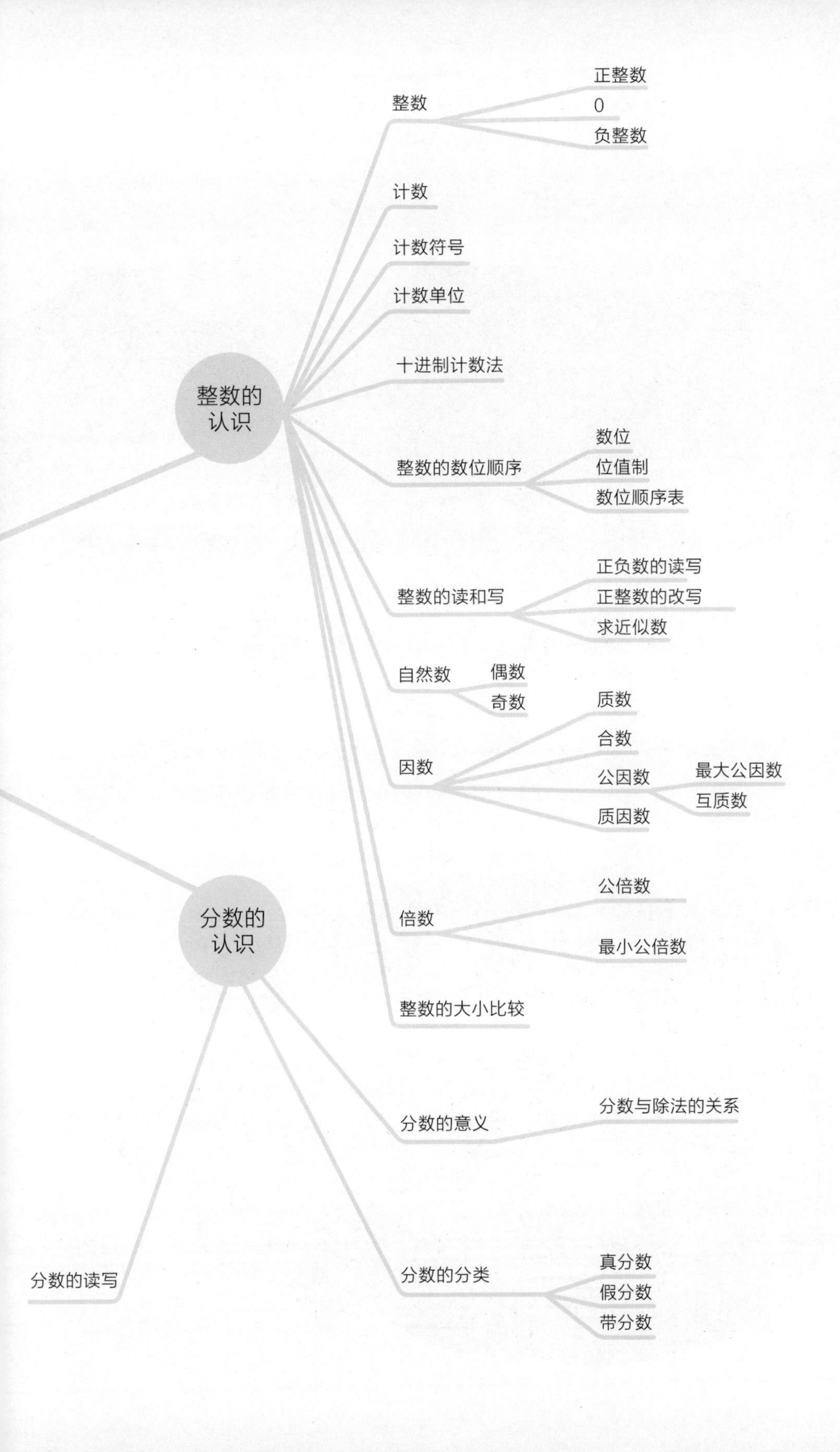
整数的认识
整数
正整数
0
负整数
计数
计数符号
计数单位
十进制计数法
整数的数位顺序
数位
位值制
数位顺序表
整数的读和写
正负数的读写
正整数的改写
求近似数
自然数
偶数
奇数
因数
质数
合数
公因数
最大公因数
互质数
质因数
倍数
公倍数
最小公倍数
整数的大小比较
分数的认识
分数的意义
分数与除法的关系
分数的分类
真分数
假分数
带分数
分数的读写

数字发明前如何计数

远古时期，我们的祖先需要按照一定数量进行食物的分配，于是想尽办法开始记录数量。

一天，一位原始的“数学家”诞生了。他找到一些石头和动物骨头，突发灵感将石头与小羊一一对应地摆了起来。

但随着人们捕猎和采野果的能力越来越强，需要的石头越来越多，占用空间过大，于是又有一位“数学家”诞生了，他用藤蔓或草绳打结记录数量。

雨季来临时，有的绳会发霉断掉。于是，又有一位“数学家”找来动物骨头或木头，在上面刻横线来记录数量。

后人将这些统称为“数学符号”，数学的发展终于迈出了巨大的一步。

【小知识】

在2万年前的非洲中部，人们发现了一块狒狒的骨头，名为“伊山戈骨”。它的上面刻着某种计数标记。而且，据研究显示这块骨头上的数字还是一个计数器。

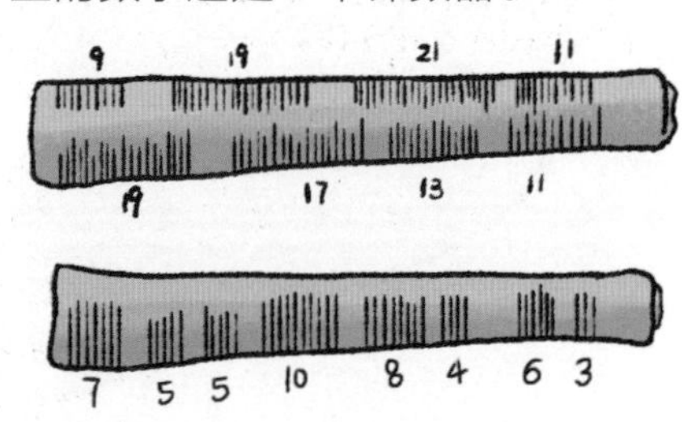

走进世界的数字王国

人们从数数到数字经历了漫长的岁月，就连古代数字系统也经历了好几百年才演变成今天我们熟悉的数字。

从数数到数字

在大约 1 万年前，古代伊拉克出现了人类第一批图片数字。那里的人用黏土作为计数器，用不同的形状代表不同的数字，比如用八块椭圆形的黏土代表八罐油。刚开始，这些黏土被粘在图片上计数，后来人们发现这些图片本身就能计数，于是代表八罐油的图片就变成数字 8 了。

最熟悉的数字系统

在大约 5000 年前，古巴比伦数字出现了，它是我们现在所知的最早数字系统。之后，在漫长的历史长河中，人类发明了多种多样的“数字”，我们一起来看看吧！

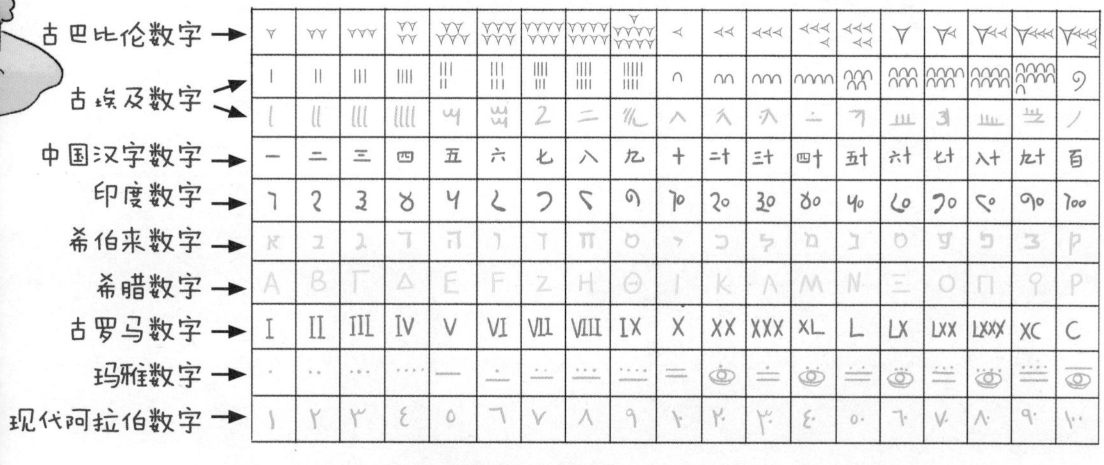

古巴比伦数字 →	𒁹	𒈫	𒐈	𒐉	𒐊	𒐋	𒑂	𒑄	𒑆	𒌋	𒎙	𒌍	𒐏	𒐐	𒁹	𒁹𒌋	𒁹𒎙	𒁹𒌍	𒁹𒐏
古埃及数字 →	𓏺	𓏻	𓏼	𓏽	𓏾	𓏿	𓐀	𓐁	𓐂	𓎆	𓎇	𓎈	𓎉	𓎊	𓎋	𓎌	𓎍	𓎎	𓍢
→	[illegible]	[illegible]	[illegible]	[illegible]	[illegible]	[illegible]	[illegible]	[illegible]	[illegible]	[illegible]	[illegible]	[illegible]	[illegible]	[illegible]	[illegible]	[illegible]	[illegible]	[illegible]	[illegible]
中国汉字数字 →	一	二	三	四	五	六	七	八	九	十	二十	三十	四十	五十	六十	七十	八十	九十	百
印度数字 →	१	२	३	४	५	६	७	८	९	१०	२०	३०	४०	५०	६०	७०	८०	९०	१००
希伯来数字 →	א	ב	ג	ד	ה	ו	ז	ח	ט	י	כ	ל	מ	נ	ס	ע	פ	צ	ק
希腊数字 →	Α	Β	Γ	Δ	Ε	F	Ζ	Η	Θ	Ι	Κ	Λ	Μ	Ν	Ξ	Ο	Π	Ϙ	Ρ
古罗马数字 →	I	II	III	IV	V	VI	VII	VIII	IX	X	XX	XXX	XL	L	LX	LXX	LXXX	XC	C
玛雅数字 →	𝋡	𝋢	𝋣	𝋤	𝋥	𝋦	𝋧	𝋨	𝋩	𝋪	𝋡𝋠	𝋡𝋪	𝋢𝋠	𝋢𝋪	𝋣𝋠	𝋣𝋪	𝋤𝋠	𝋤𝋪	𝋥𝋠
现代阿拉伯数字 →	١	٢	٣	٤	٥	٦	٧	٨	٩	١٠	٢٠	٣٠	٤٠	٥٠	٦٠	٧٠	٨٠	٩٠	١٠٠

这个世界如果没有数字会变成什么样呢？

没有日期，没有生日。

没有钱，没有买卖，没有消费。

无法测量距离，只能不停地走，总是走不到目的地。

无法测量高度和角度，房子摇摇欲坠。

没有科学，也没有令人惊奇的发明技术。

没有电话号码，无法与朋友联系。

……

03 特殊的进位制

很久以前，人类就开始采用十进制来计数，也就是用0、1、2、3、4、5、6、7、8、9这十个数字来表示所有的数值。10个1是10，10个10是100，10个100是1000，10个1000是10000。遇到十就向前一位进一的计数方法叫作十进制计数法。

人们还从自己的手指和脚趾个数上得到了启发，发明了五进制。我们在选举班干部时就会在人名下写“正”字，一个正字就代表五票。

据说玛雅人是用脚趾和手指一起计数，所以采用了二十进制，仅靠圆点和横线就可以表示很大的数值。

古巴比伦人了解到他们的一年有360天，还把圆周平均分成了360份，再将它六等分，出现了60这个单位。六十进制计数法便产生了，至今仍在使用。

60秒是1分钟，60分钟是1小时。

人们逐渐认识到气候变化的规律性，于是确定一年有 12 个月，十二进制法开始逐渐被广泛使用。十二生肖、时钟的表盘刻度有 12 个……这些都与十二进制法有关。

计算机内部使用的是二进制编码，进行数据的传送和计算。二进制只使用 0 和 1 两个数字，就连容量大小的换算也不是 1000 倍，而是乘 2 的十次方，也就是 1024 倍。

0 和 1 的比特组合。

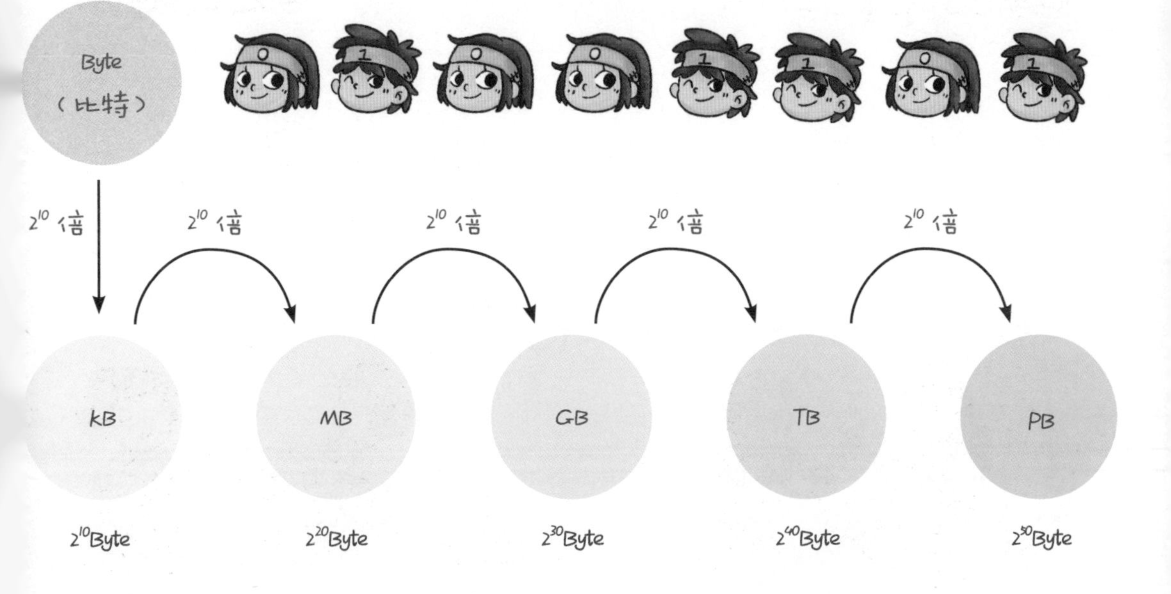

数字0的伟大发现

古人发明数字是为了计数，所以最早的数字里根本没有0。后来，即使0被发明了，人们还是不喜欢它，也不常用它。

填补空白的0

最初的0仅仅发挥着把其他数字隔开的作用。如果没有0，那么写出来的17、107、170，都将是同一个数17。

0只是
一个简单的
补位符号。
17
107
170

成为真正数字0

古印度数学家婆罗摩笈多正式对0作出了定义和算术性质，他推算出0在计算中的作用。虽然结果存在一些错误，但是他的研究成果却是数学史上的一大进步。

现代阿拉伯数字0

印度数字后来被传播到了阿拉伯国家，0也于10世纪左右来到了欧洲。从此，人们对0的认识更深了，有了0的计算也变得比之前容易多了。

0是一个数字吗？
是的，但它既不是奇数，也不是偶数。
0既不是正数，也不是负数。
你用任何数都不能除以0。

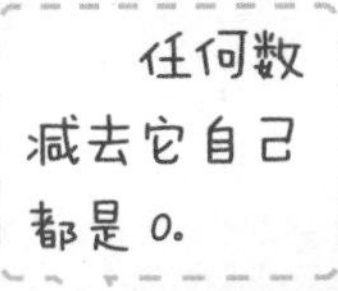
任何数减去它自己都是0。

任何数乘0都是0。

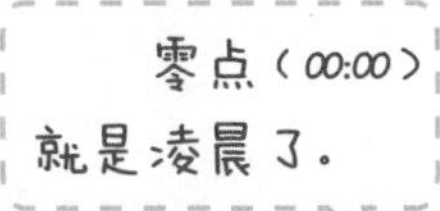
零点（00:00）就是凌晨了。

海平面的高度也是0。

0可不是只有在数学题中才会出现的，生活中处处可见0的身影。我们一起去寻找身边的0吧！

2012年
10月20日

日历上的年月日

遥控器上的数字0

10

运动员身上的号码牌

0 1厘米 2 3 4 5 6 7 8 9 10

尺子上的数字0

1508

门牌号上也有0

120

救护车上120标识

你还能在生活中找到数字0吗？

05 有规律的数

摆放不同数量的物体就能获得不同的形状，所以我们有时候也会把数想象成形状，找到数的规律。

平方数

把特定数量的物体排成没有缺口的正方形，那么这个特定数量的数就叫平方数。你也可以通过对数进行“平方”来得到平方数，其实就是让数乘它本身。

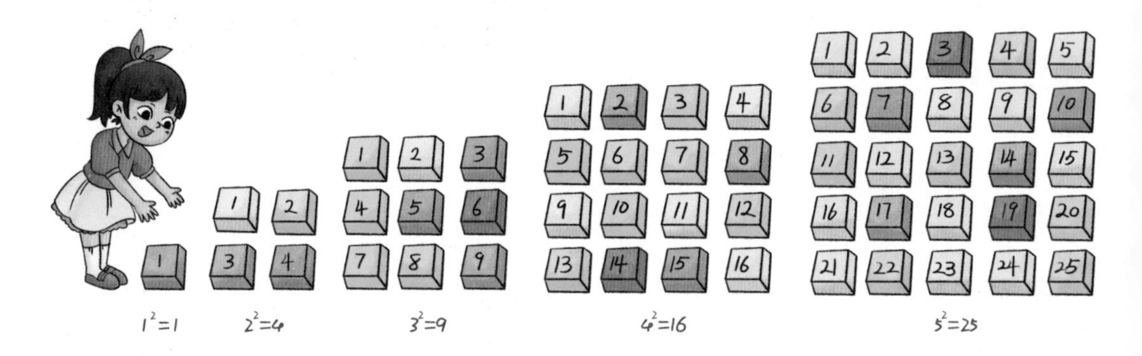

【小知识】

只有数字1的数，不论是多大的数字，进行平方以后，得到的那个数正着读和反着读都一模一样。

$1^2=1$

$11^2=121$

$111^2=12321$

$1111^2=1234321$

$11111^2=123454321$

$111111^2=12345654321$

立方数

如果一定数量的物体，比如，砖块或小朋友们喜欢玩的正方体积木等，都能组合成立方体，这个数量的数就叫作立方数。将数连续两次都乘它自己，得到的数便是立方数。

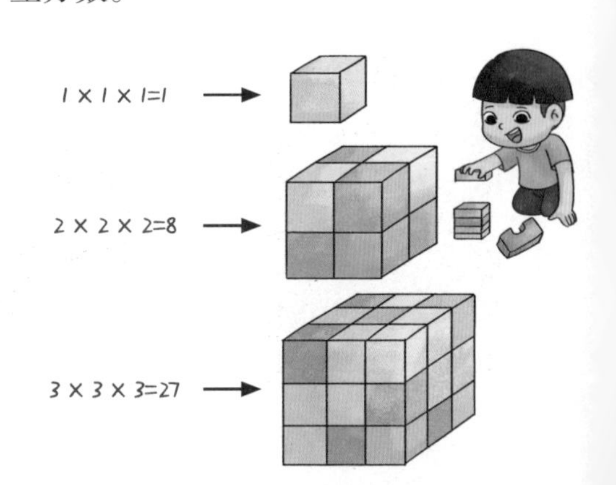

三角形数

如果你能用特定数量的物体摆出等边三角形，就是三条边长度相同的三角形，那么这个特定数量的数就是三角形数。将连续的数依次相加便可得到三角形数：0+1=1，0+1+2=3，0+1+2+3=6……以此类推。

脑洞时间

20 个囚犯被锁在 20 个牢房里，一名警察过来巡逻，没有意识到牢房都被锁住了，所以又把门锁用钥匙都转开了。10 分钟后，第二名警察过来巡逻，把 2、4、6、8、10、12、14、16、18、20 号房间的门锁都转动了一遍。第三名警察也过来做了一样的动作，把 3、6、9、12、15、18 号房门的锁转动了一遍。这一举动一直持续到 20 名警察。

请问最后有多少囚犯逃跑了？

【答案】解开这道谜题的关键是找到规律：最后打开的那些门号都是平方数，所以答案是 4 个：1、4、9、16。

06 组合数讲述如何搭配

博士是位穿戴讲究的人，他打算明天去野外游玩，需要穿一些轻便的衣服。这里有两顶帽子、三件上衣和两条裤子，博士一共有几种不同的穿法呢？

一种搭配穿法就是一个组合，搭配穿法的总数叫作“组合数”。我们可以用列举法来找组合数，也可以用树形图来找组合数。

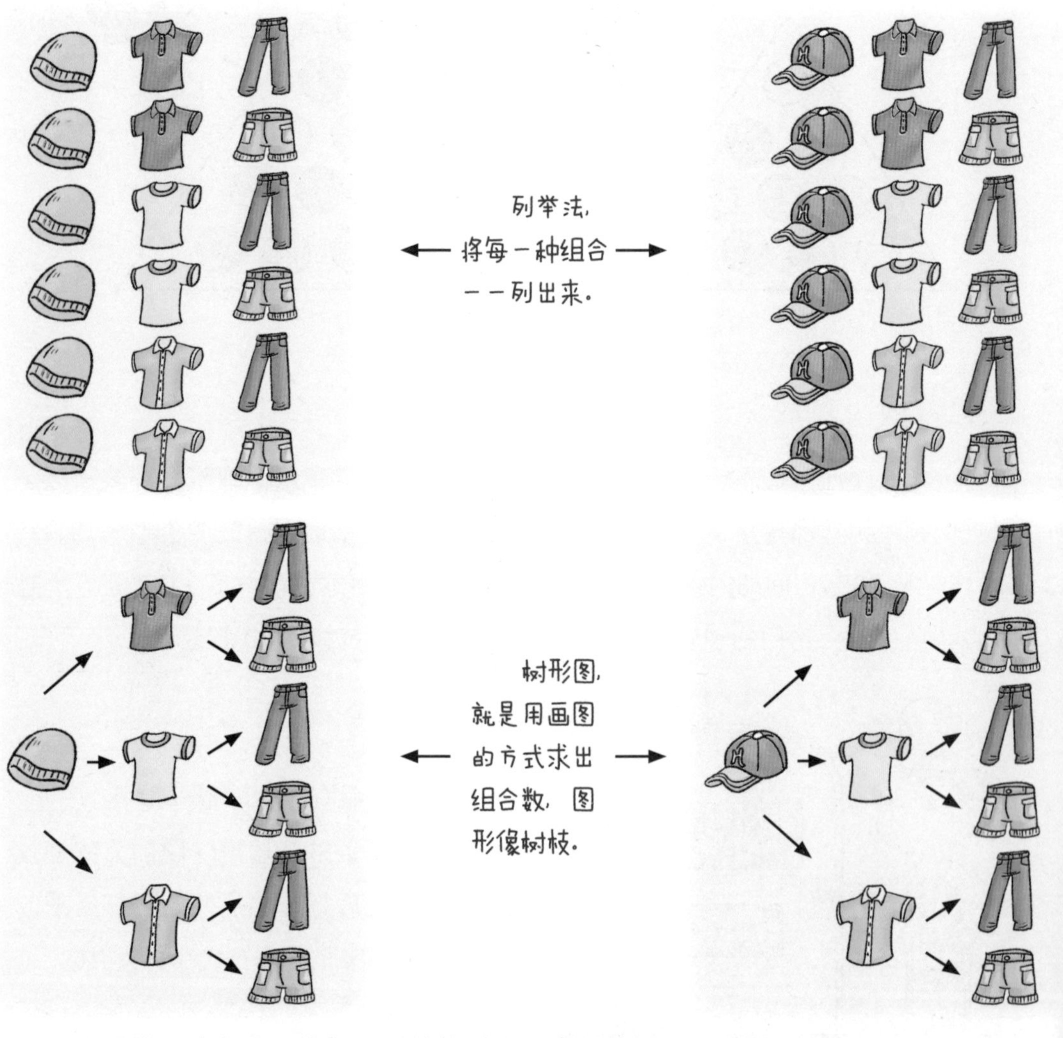

列举法，
将每一种组合
一一列出来。
树形图，
就是用画图
的方式求出
组合数，图
形像树枝。

不论用哪一种方法，我们一眼就能看出组合的情况，一共是12种。

除此之外，我们还可以用画线段图的方式来找组合数。这里需要给 24 个房间找出路，要求一次经过全部房间，还得从 24 号房间走出来。我们一起画画看吧！

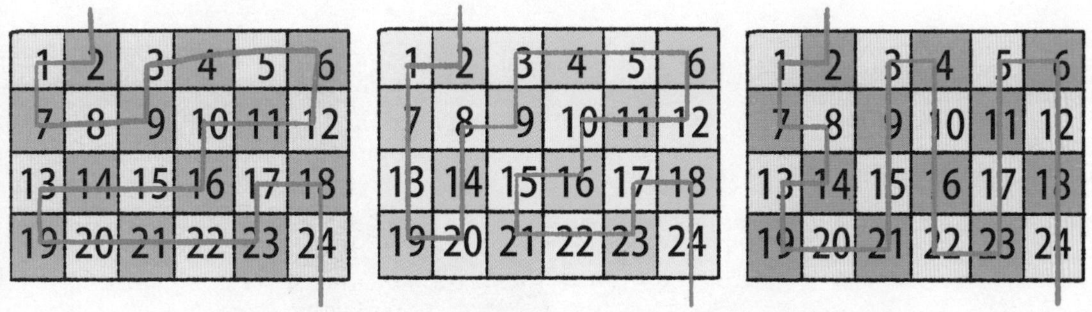

好像走迷宫一样，一笔画出即可。你觉得还可以怎样画呢？

博士去野外游玩，要在鹰峰站搭乘地铁去东大门运动场。他有多少条路线可供选择呢？当然，换乘时不考虑绕远路，从新堂站只可以到东大门运动场站，从青丘站只可以到新堂和东大门运动场站。

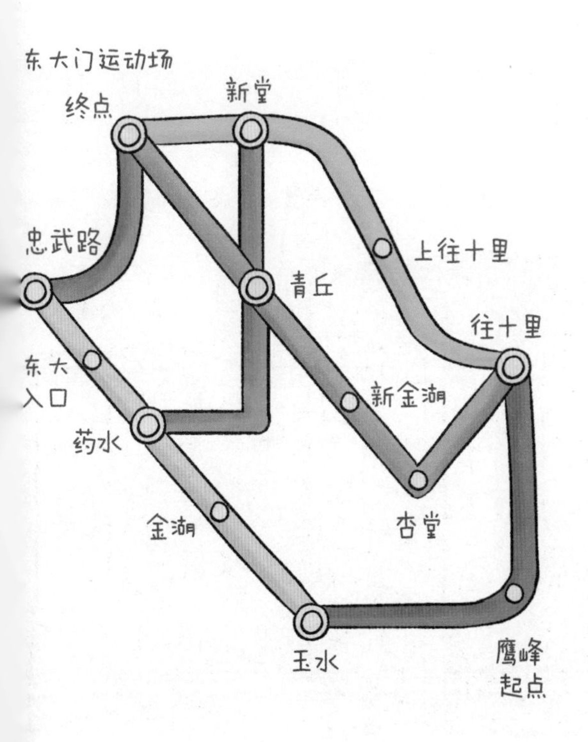

关于路线的选择同样也是在找组合数，我们可以用画树形图的方式来解答。

从鹰峰站出发可以达到玉水和往十里站。

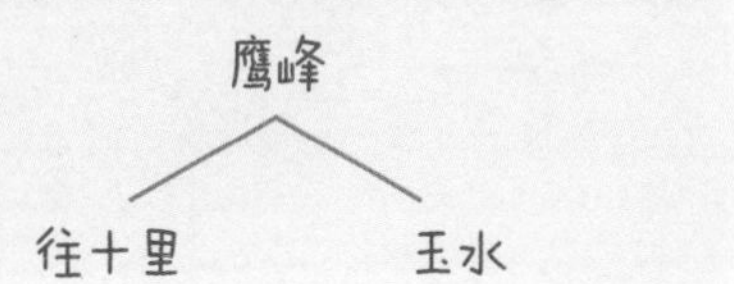

从玉水站和往十里站发出可以达到终点，用线段连接前进方向。

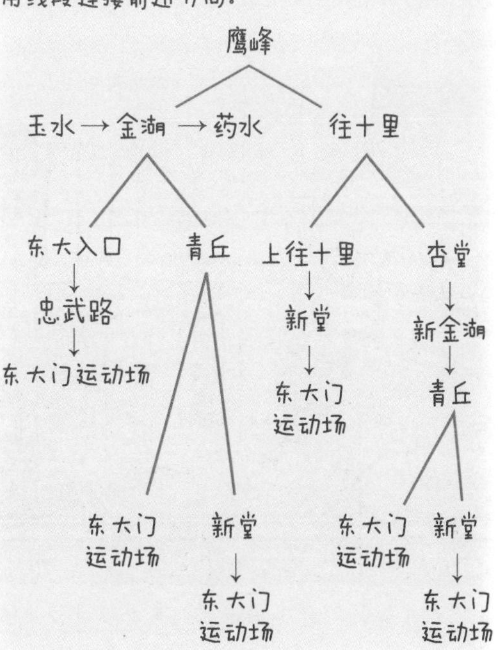

数的大小还可以这样比较

几乎没有东西是不能测量的，虽然有些数值大得非常“可怕”。

火山来了，快跑！火山喷发会通过 0~8 级的指数来衡量。这个指数包含了喷出物质的数量、喷发的高度、喷发的持续时间。

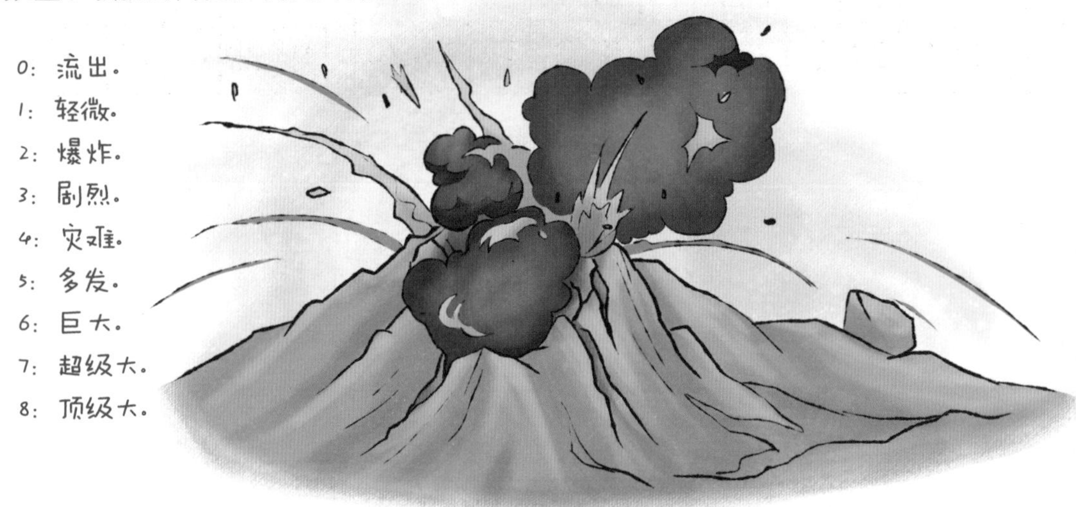

0：流出。
1：轻微。
2：爆炸。
3：剧烈。
4：灾难。
5：多发。
6：巨大。
7：超级大。
8：顶级大。

嘘嘘嘘……小声一点！声音变幻无常，测量起来有点儿麻烦。它在频率上可高可低，用赫兹来表示；在音量上有大小之分，用分贝来表示。

人类能听见最小的声音就是 0 分贝，一般演讲的声音为 55~65 分贝，30 米外一架喷气式飞机的引擎声为 140 分贝，声音超过 120 分贝就会对我们的听力造成损伤。

龙卷风，太吓人了！龙卷风指数，是根据风速和损坏物体的数量来评估它的强烈程度。

F-0：64~116 千米／时，轻微损坏。

F-1：117~180 千米／时，一些损坏。

F-2：181~253 千米／时，显著损坏。

F-3：254~332 千米／时，剧烈损坏。

F-4：333~418 千米／时，破坏性灾害。

F-5：419~512 千米／时，毁灭性灾害。

世界末日来了吗？小行星广泛存在于太阳系中，天文学家通常会用都灵危险指数来测量小行星撞击地球造成的损坏程度。

0：表示基本不可能发生撞击。

5：表示有近地物体接近，不确定是否一定会撞击地球。

10：表示我们将无法幸免地全部毁灭。

辣！辣！辣！辣椒的辣度是用史高维尔指数来表示的。

0：甜椒。

2.5×10^3：墨西哥辣椒。

3×10^4：红辣椒。

2×10^5：哈瓦那辣椒。

10^6：印度鬼椒。

08 容易出错的序数和数量

博士带领小朋友们玩老鹰捉小鸡的游戏。一个小朋友当老鹰，还有一个小朋友当鸡妈妈，站在队伍的最前面。其他小朋友排成一列，拉着前面一个小朋友的衣服，就是一群小鸡。老鹰奔跑，试图抓住鸡妈妈身后的小鸡。

从前往后数， 排在队伍的第（4）。从后往前数， 的后面有（4）个人。

两个 4 表示的意思一样吗？第 4，表示序数。4 个，表示数量。排列方式不同，个体外观不同，都不会影响数量。

序数最好利用数轴的方式来呈现，聪明的小朋友用一把卷尺就能够直观地看出“后一个数”比“前一个数”多 1。

游乐场里，10 只小动物排队玩滑梯。从前往后数，狮子排在第 4，小狗排在第 8。小狗和狮子中间有 3 只小动物，狮子的前面有 3 只小动物，狮子的后面有 6 只小动物。

你看，天空飞过一群大雁。从云里探出头来的那只大雁，从前面数，它排在第 3，从后面数，它排在第 6。那么，你知道这一行大雁一共有多少只吗？

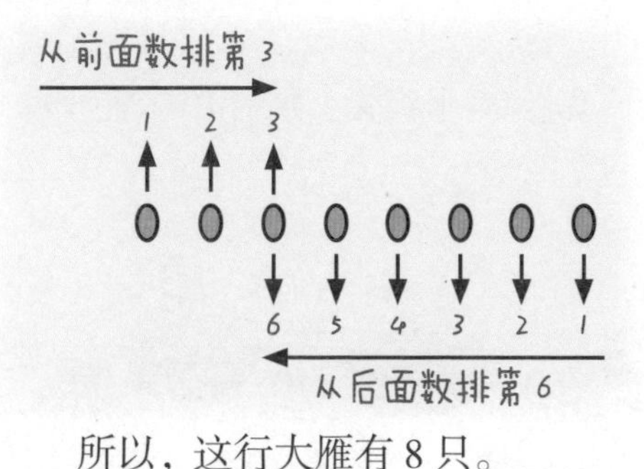

所以，这行大雁有 8 只。

排队的情况可不仅那一种。排队上公交车时，如果你排在第 6，后面还有 4 人。请问排队上车的人有多少个？

【答案】排队上车的人有 10 人。

还有一种情况：鸭妈妈领着鸭宝宝在池塘里学游泳，它的前面有 4 只鸭宝宝，后面有 3 只鸭宝宝，你知道一共有多少只鸭子吗？

【答案】一共有 8 只鸭子。排队时只有数量，没有序数，算总数时一定要记得加上鸭妈妈。

09 大数赶来了

大数是数学中表示数值较大的概念，生活中大数也存在于许多场景。

100以上的数

鸡蛋装进篮子里，每个篮子里10枚鸡蛋，9个篮子就是90个鸡蛋。数到10个篮子时，10个十就是100枚鸡蛋。

每个篮子10枚鸡蛋，每个箱子放10个篮子。1个箱子里有100枚鸡蛋，2个箱子里有200枚鸡蛋……10个箱子里就有1000枚鸡蛋。

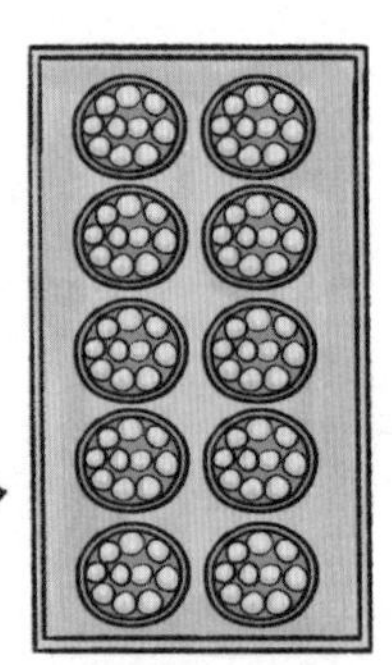

猜猜这本书有多少页

博士拿着一本超级厚的书，这本书的页码比800多，比900少。十位上的数字是最小的自然数，个位上的数字是最大的自然数。你能猜出来吗？

最小的自然数是0，最大的自然数是9。所以，这个数是809。

答对了！你会写和读这个数吗？

整百、整千的数写出来和读起来都很简单，但不是整百、整千的大数又应该如何表达呢？

雅鲁藏布江大峡谷全长约有 496 千米。496 读作四百九十六，里面有 4 个百，9 个十，6 个一。

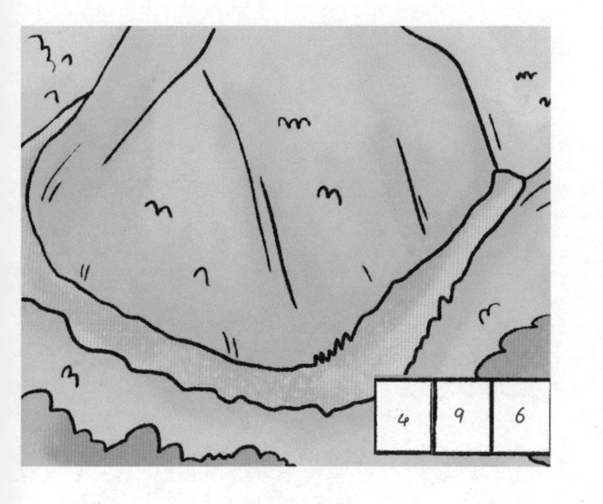

北岳恒山主峰高约 2017 米，读作二千零一十七。它里面有 2 个千，1 个十，7 个一，百位用 0 补位。

神奇的是，即使是同一个数字，在不同的位置，表示的意义各不一样。

第一个数字，1 在个位上，表示 1 个一，也就是 1。

第二个数字，1 在百位上，表示 1 个百，也就是 100。

最后一个数字，1 在十位上，表示 1 个十，也就是 10。

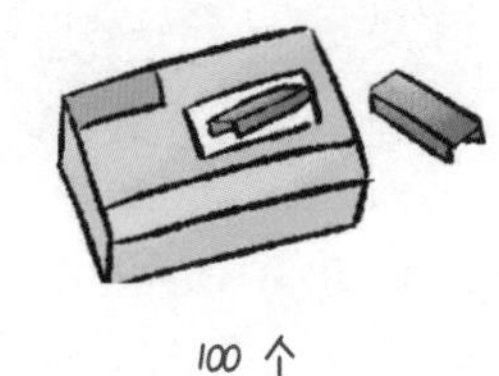

一亿有多大

一般情况下，成年人的头发约有 10 万根，1000 个正常成年人的头发大约有一亿根。如果我们十万十万地数，数到 9 个十万，下一个数字就得进位，10 个十万是一百万。以此类推，10 个一百万是一千万，10 个一千万是一亿。

如果在计数器上拨出 99999999，再加上 1，就是一亿。

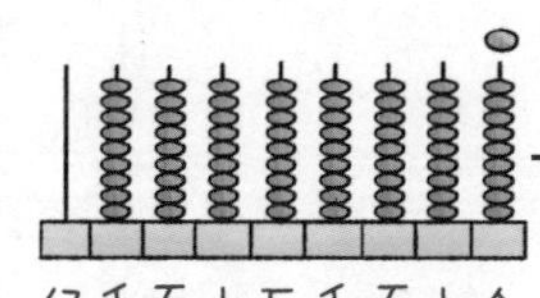

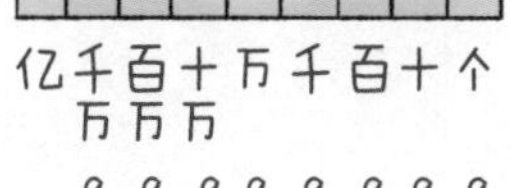

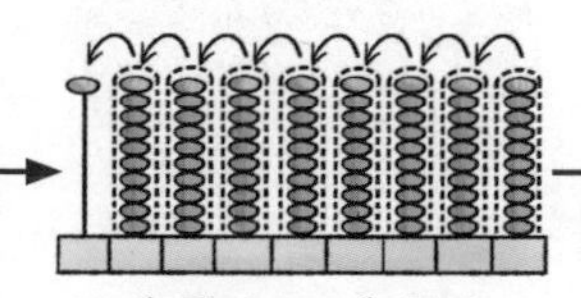

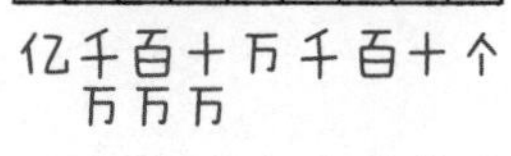

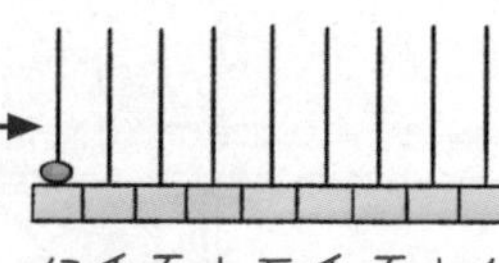

10 大数瘦身秘籍

在浩瀚的银河系中，太阳的直径约为1392000千米，它的体积是地球的1300000倍左右。太阳系八大行星中，金星距离太阳约108450000千米，木星距离太阳约780750000千米。

你知道吗？上面有3个数字可以有更简单的写法。

十亿位	亿位	千万位	百万位	十万位	万位	千位	百位	十位	个位	
			1	3	0	0	0	0	0	=130 万
	1	0	8	4	5	0	0	0	0	=10845 万
	7	8	0	7	5	0	0	0	0	=78075 万

你能把横线上的数字改写成用“万”或“亿”作单位的数字吗？

蜻蜓有敏锐的视觉，由30000~100000个小眼组成一只复眼。

答案：3 万~10 万

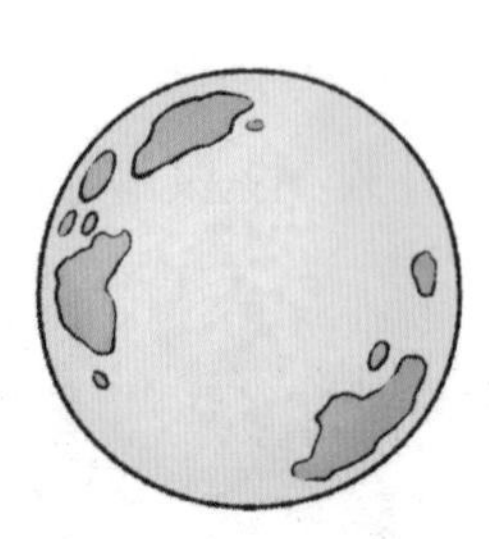

月球表面积约为38000000平方千米。

答案：3800 万

生活中有一些事物的数量不需要精确数字表示，用近似数更方便。这些数字的前面都有一个“约”字。它们不是精确数，但与精确数接近。

埃及胡夫大金字塔由约 230 万块石块堆砌而成，是世界上最大的金字塔，占地约 52900 平方米。

太平洋是世界上最大的海洋，总面积约为 178680000 平方千米。如此大的海洋中住着一条世界上最深的海沟，名为马里亚纳海沟，深度大约有 11030 米。

11030 比 1 万多一些，比 2 万少很多，更接近 1 万。
178680000 比 1 亿多很多，比 2 亿少一些，更接近 2 亿。

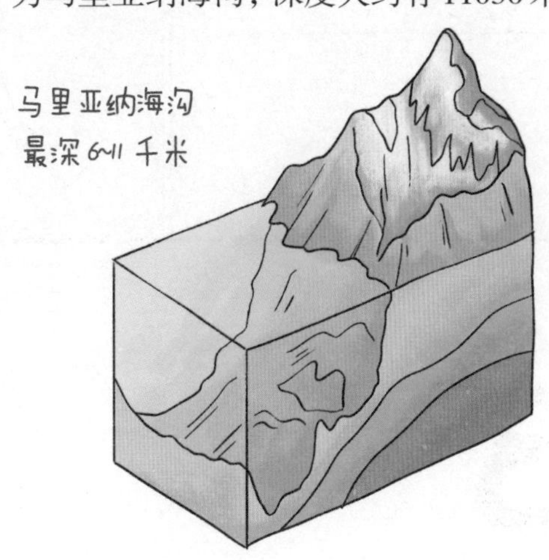

11030 ≈ 10000（千位上的数字小于 5，把它和它后面的数舍去，全改写成 0）

178680000 ≈ 200000000（千万位上的数字大于 5，向它的前一位进 1，再把它和它右面的数舍去，全改写成 0）

11030 ≈ 1 万

178680000 ≈ 2 亿

≈叫作约等于，和等号不同，需要用四舍五入法来简写大数。

近似数用起来很方便，所以并不少见。你能从生活中找到近似数吗？

我们学校大约有 2000 名学生。

我家离学校大约有 3000 米。

11 次幂方的大数

海洋里有多少滴水？你的身体里有多少原子？世界各处究竟有多少粒沙子？一些数大到令人难以想象，甚至没办法写下来。于是，数学家们引入了一个新的概念：幂。

3^2

幂，写在数的右上方，比如，3^2，其中3被称为底数，2被称为指数，它表示2个3相乘。

幂就是用来告诉我们要将底数乘多少次。3^2就是指2个3相乘，算式为3×3，结果是9。同理，3^3是指3个3相乘，算式为$3\times3\times3$，结果是27。

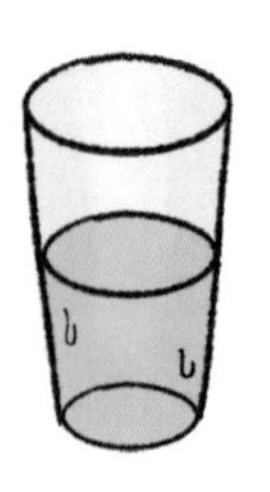

一杯水里大概含有8×10^{24}个分子。

幂非常实用，它可以将写起来很长的数简洁地表示出来。比如，1000000000000000000000000，1后面有24个0，写成幂数的话，就简单多了，10的24次幂，也就是10^{24}。

福建舰是中国目前航母之最。满载排水量8万余吨，排水量8万余吨说明什么？有人计算根据目前家庭小轿车来算，一辆小轿车按照1.5吨测算，福建舰的排水量将相当于5万多辆汽车。

你知道古戈尔（Googol）吗？宇宙中所有的粒子加起来也没有古戈尔的数值大，具体有多大呢？ 10的100次幂。写出来的话，应该是1的后面跟着100个零。

1Googol=1 0000000000 0000000000 0000000000 0000000000 000000000

这是一个国际象棋的棋盘，如果把1元硬币放在第一个格子里，把2元钱放在第二个格子里，接着就是4元钱、8元钱……每次要放的钱数都加倍，最后一个格子应该放多少钱呢？

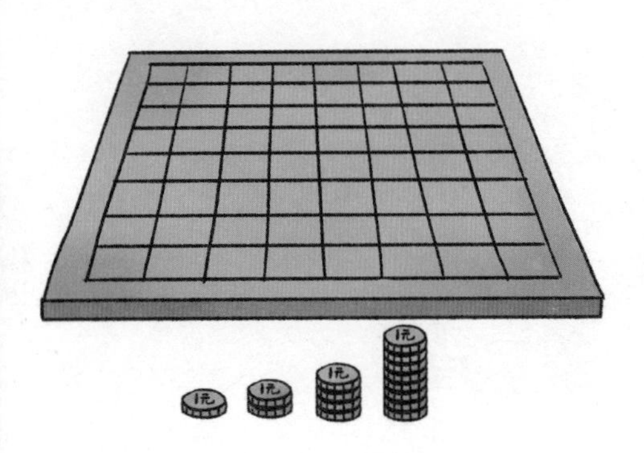

用幂来试试吧！第一个格子是2的0次方，第二个格子是2的1次方，第三个格子是2的2次方。以此类推，第六十四个格子是2的63次方，等于4.89×10^{27}。

超级大的数可以发挥10的作用避免0占用太多空间。所以200万可以写成2×10^6。我们来看看那些巨大的单位吧！

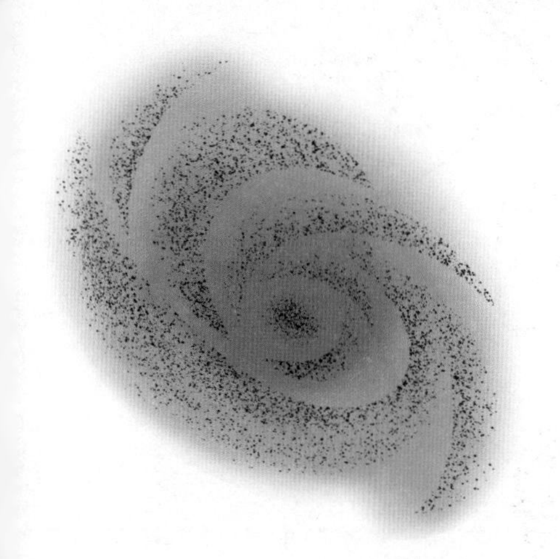

阿基米德是古希腊著名的数学家，发明了“万”这个计数单位。1万$=10^4$。后来，阿基米德还努力计算得出，填满整个宇宙大概需要10^{63}粒沙子。

对于超级小的数，也可以用这样的方法来计数。这只放大的蚂蚁的颚大概有一个10^{-3}米（1毫米）宽的微晶片。我们再来寻找极小的单位吧！

1微米$=10^{-6}$米

1纳米$=10^{-9}$米

1皮米$=10^{-12}$米

1飞米$=10^{-15}$米

1幺米$=10^{-24}$米

000000000 0000000000 0000000000 0000000000 0000000000

最大的数是多少

你能想到最大的数是什么吗？不管你说出哪个数，总是可以把它加上 1 得到更大的数。数可以进行比较，但最大是几根本没有限制。数这种能够无止境增加的性质叫作无穷。

无穷，符号看起来就像一个放倒的数字 8，一个没有开始和结束的形状。它是英国人沃利斯在 1655 年出版的论文《算术的无穷大》中首次提出的。

无穷的距离到底有多远？假设你的跑步速度是每小时 100 万米，你一直跑的话，不论你跑多长时间，即便用上百年、千年、万年……停下来的那一刻，相比无穷，它的距离还是更靠近起点。

无穷这个概念很难被我们的大脑理解，它实在太大了，根本无法描绘出来。但你可以想象一下：此时此刻，一只小蚂蚁绕着地球一圈一圈不停地爬，永远也走不到世界的尽头。

无穷的确很神奇。有一个罐子，里面有无穷多的糖果，如果从中拿出一颗，还剩下几颗呢？如果拿出10亿颗糖果呢？正确的答案只有一个：无穷。即使你从中拿出一半的糖果，罐子里剩下的数量还是没有改变。

我们可以试着用下列算式来计算罐子里糖果的数量。

$\infty - 1 = \infty$　　$\infty - 1000000000 = \infty$　　$\infty \times \infty = \infty$

$\infty + 1 = \infty$　　$\infty \div 2 = \infty$

无穷的种类不同，并且有一些要比另一些大。

有一些能数的数，类似1、2、3、4…这样的整数，形成了一个可数的无穷。

1 2 3 4 5 6 7 8 9……

还有一些数有着无穷的数位，比如，后面小节要讲解的π，属于无理数范畴，形成了一个不可数的无穷。无穷竟然大于无穷！因为后一个无穷要比前一个无穷要大无穷多。

23421475476127840164124 62

个 十 百 千 万 十万 百万……

【小知识】

格奥尔格·康拓尔，是第一个证明数学中存在不同类型的无穷概念。当时数学家都抨击他的观点，但现在他的观点已经被完全接受。

13 因数和倍数是好伙伴

博士想选 12 名同学参加球操表演。你觉得她们可以怎样排队呢？

排成 2 队，每队 6 人。也可以说，排成 6 队，每队 2 人。

排成 3 队，每队 4 人。

12 个人排成一队。

2×6=12：2 是 12 的因数，6 也是 12 的因数。12 是 2 的倍数，也是 6 的倍数。

3×4=12：3 是 12 的因数，4 也是 12 的因数。12 是 3 的倍数，也是 4 的倍数。

1×12=12：1 是 12 的因数，12 也是 12 的因数。12 是 1 的倍数，也是 12 的倍数。

糖果怎么分才公平

博士组织的露营活动开始了，丽丽带了 62 颗奶糖和 75 颗水果糖，她想平均分给同学们，最后剩下 2 颗奶糖，3 颗水果糖。

她把糖果分给多少个小朋友，你能帮她算一算吗？

【**答案**】这些小朋友一共分出去了 60 颗奶糖和 72 颗水果糖，朋友的个数应该是 60 和 72 的公约数，而且要比 3 大，所以只能是 4 个、6 个或 12 个。

两个数的最大公约数应该怎么找呢？分解质因数即可。

60=2×2×3×5，72=2×2×2×3×3。

所以找出它们共同的数字，2×2×3=12。12 就是 60 和 72 的最大公约数。

特殊数字找倍数

运动会开幕式上，同学们准备了精彩的表演，有人参加叠罗汉表演，有人参加圆圈舞表演。每一个表演队伍都有规范的阵型要求，你知道它们可以分别选派多少人参加吗？

叠罗汉的人数应该是3的倍数，15、18、21……

跳圆圈舞的人数应该是5的倍数，15、20、25……

哇！个位上是0或5的数竟然都是5的倍数。

3 的倍数有什么特征呢？我们试着用计数器来摆一摆 3 的倍数，再把各个数位上的数字加起来。各个数位上的数之和都是 3 的倍数，这个数就是 3 的倍数。

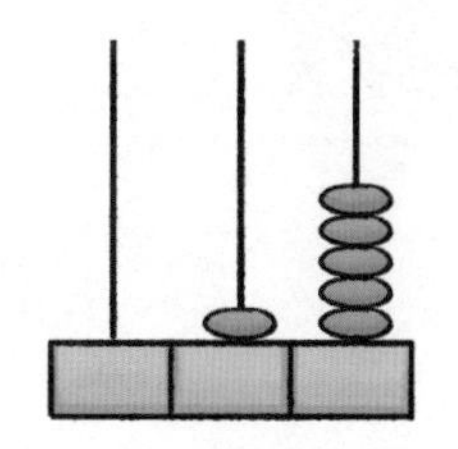

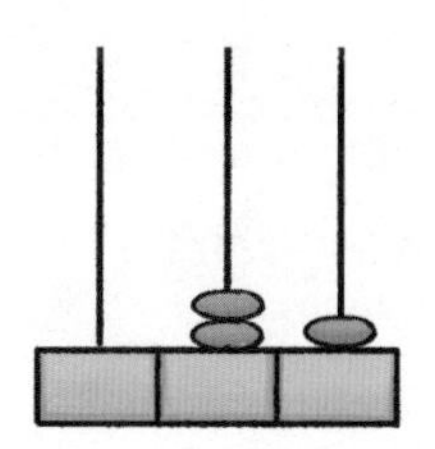

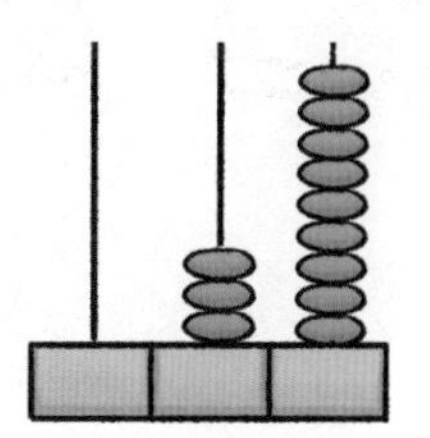

14 奇数和偶数背后的秘密

博士让同学们排队报数，1、2、3、4……报了奇数的同学向前跨一步，报了偶数的同学往后退一步，这样一个队列很快就分成两队。那么，什么是偶数、奇数呢？

给鞋子凑对

博士这里有 6 只鞋，每一只鞋都能找到一个“同伴”凑成对。所以，6 是一个双数，又叫偶数。

博士助手这里有 5 只鞋，只有一只鞋找不到“同伴”，所以 5 是一个单数，又叫奇数。

自然数中，凡是 2 的倍数的数都叫作偶数，不是 2 的倍数的数都叫作奇数。

偶数可是很重要的。比赛的时候，为了公平，两队的人数必须一样多。你数一数，如果把两队的人数加在一起，通常都是偶数。

拔河比赛场上，两队人数分别是6，6便是偶数。两队人数加起来是12，12也是偶数。

篮球比赛场上，两队人数分别都是5，5是奇数，但两队人数之和是10，是偶数。

奇数也很重要！一家四口要去度假，有的想去海滩游泳，有的想去湖边露营。最后，他们决定投票表决。

投票结果出来了，你知道会有哪些不同的结果，哪些结果才能得出答案呢？

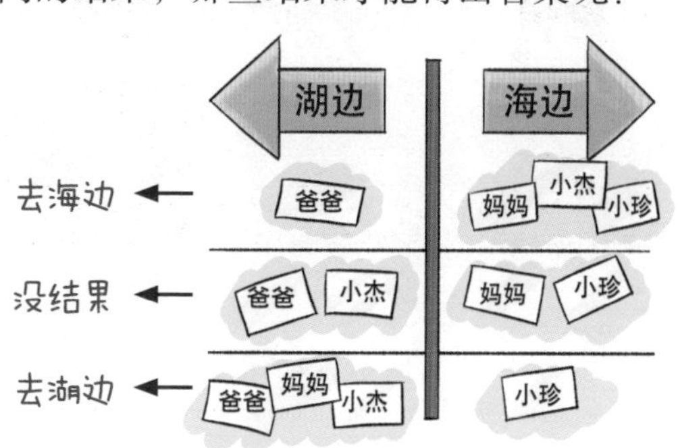

奇数、偶数比大小

咦？是谁在吵架？奇数和偶数，正在为谁比谁大的问题吵得面红耳赤。

你胡说，我才是最大的！

偶数先亮出10000，奇数这边亮出10001。
10000

10001
10001比10000大1，所以奇数比偶数大1。

偶数不甘示弱，又拽出10002。奇数也不服气，抢出10003……奇数和偶数吵得不可开交，只好让博士爷爷出来评理。

10003
10002
奇数和偶数都是无限的，既没有最大的数，也没有最小的数，根本无法比较。

跟着博士做游戏

1. 准备两张小纸条，上面分别写一个奇数和一个偶数，写好后，两手各握一张。

2. 将右手中的数乘2，左手中的数乘3，再把乘积相加。

3. 你算出的得数是奇数还是偶数呢？

奇数
偶数
得数是奇数的小朋友，你的左手是奇数。

得数是偶数的小朋友，你的左手是偶数。

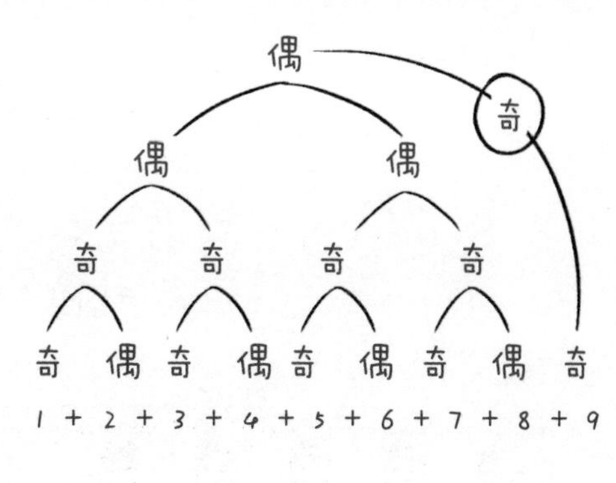

奇数 ×2 = 偶数. 奇数 ×3 = 奇数.

偶数 ×2 = 偶数. 偶数 ×3 = 偶数.

偶数 + 偶数 = 偶数. 偶数 + 奇数 = 奇数.

左手是奇数时, 奇数 ×3 是奇数, 奇数 + 偶数（右手中的偶数 ×2）, 结果是奇数.

右手是奇数时, 奇数 ×2 成偶数, 偶数 + 偶数（左手中的偶数 ×3）, 结果是偶数.

有趣的奇数现象

著名数学家毕达哥拉斯发现了一个非常有趣的奇数现象：将奇数连续相加，每次的得数正好是平方数。

$1+3=2^2$

$1+3+5=3^2$

$1+3+5+7=4^2$

$1+3+5+7=5^2$

$1+3+5+7+9=6^2$

$1+3+5+7+9+11=7^2$

$1+3+5+7+9+11+13=8^2$

$1+3+5+7+9+11+13+15=9^2$

1、2、3、4、5 的平方数分别是 1、4、9、16、25，算出这些数字中每两个相邻数字之间的差，把答案写下来，你会发现什么规律呢？

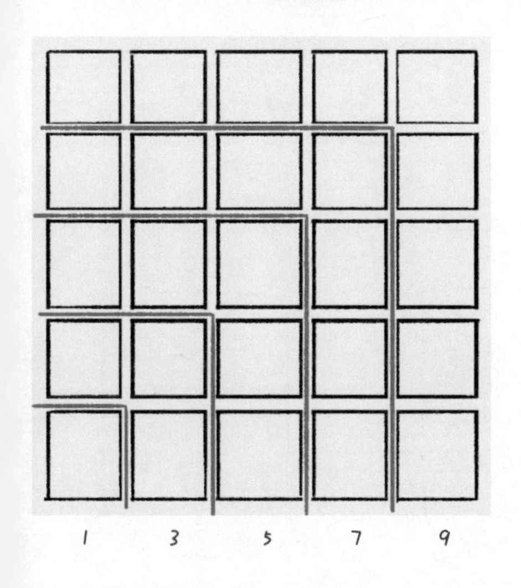

1 和 4 之间的差是 3，9 和 4 之间的差是 5，16 和 9 之间的差是 7……所得出的差竟然正好都是奇数。

质数来找茬

运动会场上，各个班级排成各式各样的方队，雄赳赳、气昂昂地行进，场面浩大。仔细数一数，排成方队的人数分别是 24、25、35、40、32……，这些数有什么特点吗？

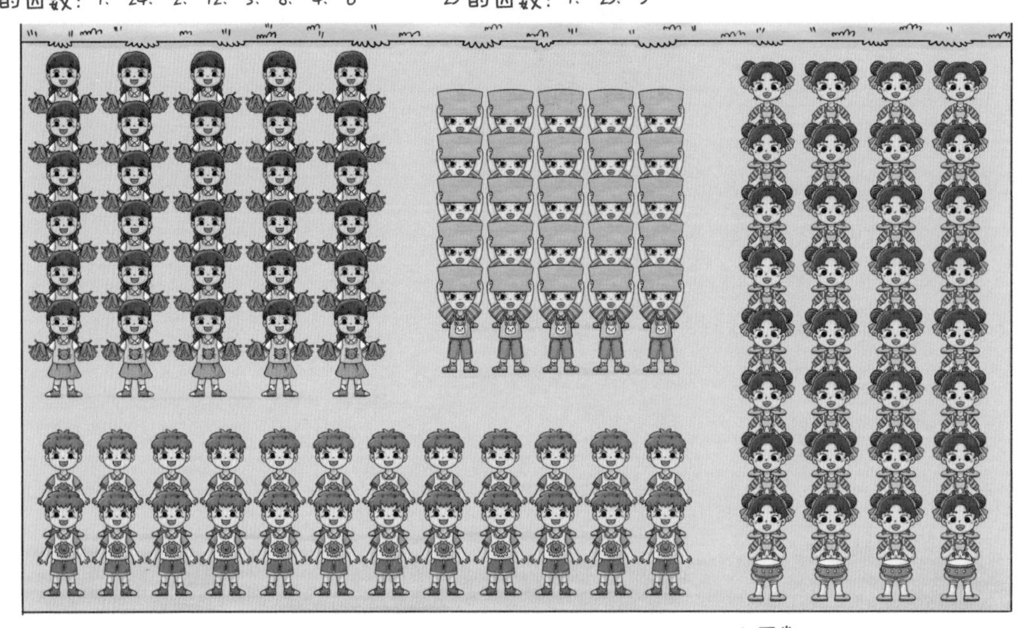

这几个数，在个位和十位上没有什么规律，但都有两个以上的因数。而除了 1 和它本身，还有其他因数的数，统统叫作合数。

只有 1 和它本身两个因数的数，叫作质数，也叫素数。

2、3、5、7、11、13、17、19、23、29、31、37、41、43……

陈景润，福建福州人，数学家。他因为研究了著名的“哥德巴赫猜想”，赢得了极高的国际荣誉。

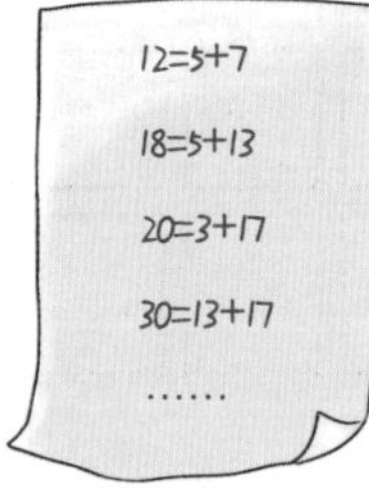

任何不小于 4 的偶数都可以改写成两个质数相加。
12=5+7
18=5+13
20=3+17
30=13+17
……

不仅如此，一些数学家还将质数称为构成数学大厦的砖块，可以通过质数相乘得到其他所有的整数。

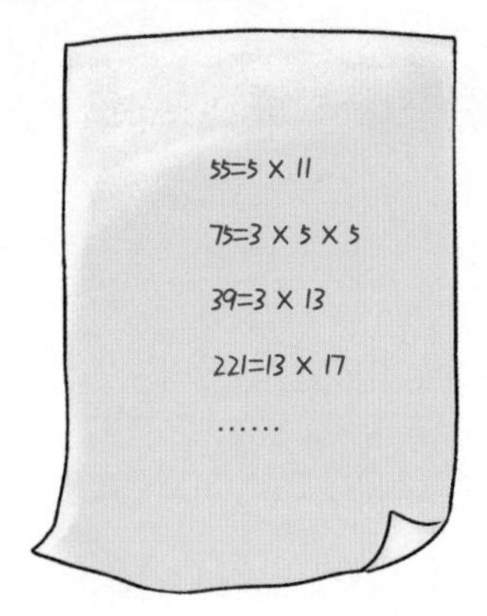

奇数和偶数的寻找有规律可查，但质数不能光看表面数字。

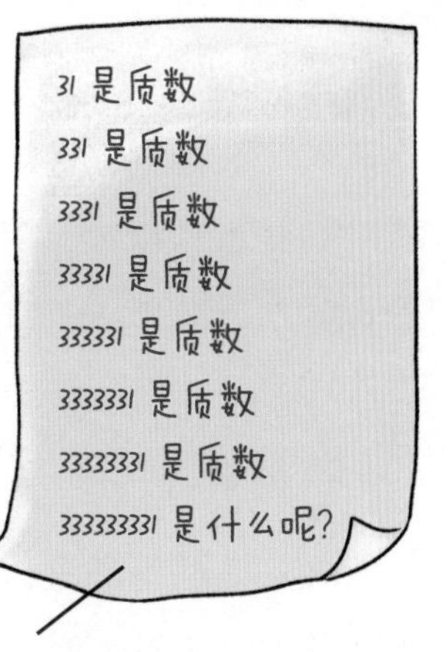

31 是质数
331 是质数
3331 是质数
33331 是质数
333331 是质数
3333331 是质数
33333331 是质数
333333331 是什么呢?

它可不再是质数了，因为 $17\times 19607943=333333331$。

的确，质数是没有规律的，很多数学家都在寻找质数出现的规律，可惜最终都没有找到。这就是在告诉我们质数只能一个一个地试验来寻找。

搜寻质数									
	2	3	4	5	6	7	8	9	10
11	12	13	14	15	16	17	18	19	20
21	22	23	24	25	26	27	28	29	30
31	32	33	34	35	36	37	38	39	40
41	42	43	44	45	46	47	48	49	50
51	52	53	54	55	56	57	58	59	60
61	62	63	64	65	66	67	68	69	70
71	72	73	74	75	76	77	78	79	80
81	82	83	84	85	86	87	88	89	90
91	92	93	94	95	96	97	98	99	100

寻找一百以内的质数的方法：

1. 1 不可以写，因为 1 既不是质数也不是合数。
2. 划掉 2 的倍数，留下 2。
3. 划掉 3 的倍数，留下 3。
4. 划掉 5 的倍数，留下 5。
5. 划掉 7 的倍数，留下 7。

【结论】格子里剩下的所有数都是质数。

质数在自然界中也存在，有些蝉的幼虫会在地下待 13 或 17 年，然后蜕变为成虫爬出来进行交配。13 和 17 都是质数，有更大的机会避免被其他肉食动物吃掉。

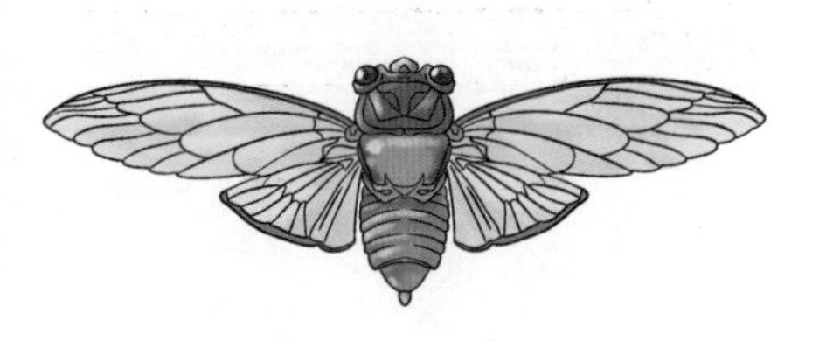

质数寻找并不容易，所以才会有银行为了保护数据安全或个人隐私安全，专门用质数来将信息转换成无法破译的密码，也就是所谓的加密。

7393913

16 下一个数是什么

数学就是寻找规律，要么是数的规律，要么是图形的规律或者其他任何东西的规律。数列就会遵循某种规则或规律，找出这种规律的过程会非常有趣。

数列的种类

数列有两种类型：等差数列和等比数列。每两个相邻数之间的差值是一样的，就是等差数列。相邻各项的数字之间以固定倍数增加或减少，就是等比数列。

5、10、15、20……

等差数列中，数字以同样的大小增长。

1，2，4，8，16……

等比数列中，数字以同样的倍数增长。

数列帮你预测未来

找出数列的规律，你就能知道接下来的数列项应该是什么了，甚至可以帮你预测未来还没发生的事情，是不是很神奇？

19 世纪，经济学家托马斯发现，地球上的粮食随着时间正在以等差数列增长，但是人口却在以等比数列方式增长。这就意味着，总有一天，我们会没有粮食可吃。

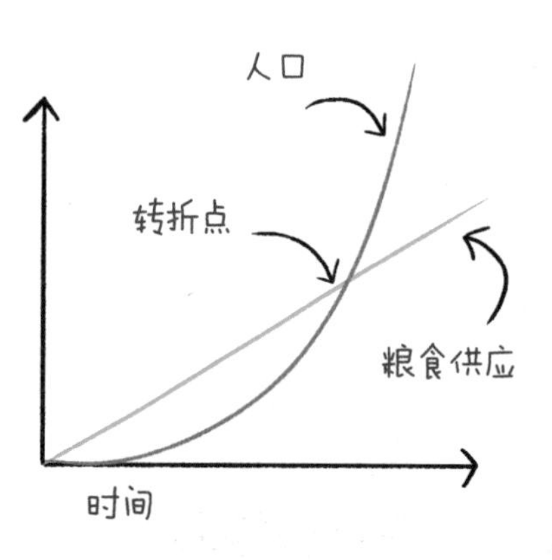

到达转折点，粮食就不够吃了。

一个著名的数列

1、1、2、3、5、8、13、21、34、55、89……

每个数字都是前两个数字的和。这个著名的数列是在800年前由意大利比萨的裴波那契发现的，所以被称为裴波那契数列。自然界中到处都能看到这个数列，特别是在植物身上，比如，花瓣的数量、种子的排列以及树枝的扩张等。

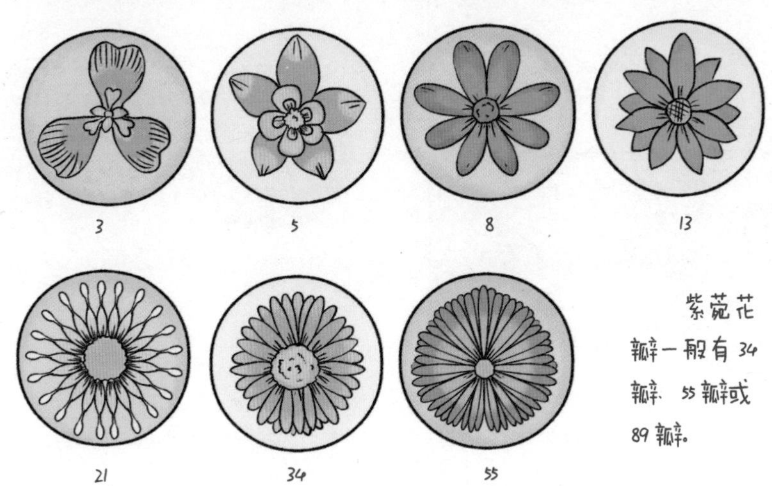

紫菀花瓣一般有34瓣、55瓣或89瓣。

动物界呢？如果一对兔子繁殖一年，将会有多少对兔子呢？一开始有两只兔子，一个月长成后便可以繁殖。雌性兔子交配后一个月后生下宝宝，每窝产下两个，假如兔子不会死，一年后将会是斐波那契数列的第13个数字，也就是233。

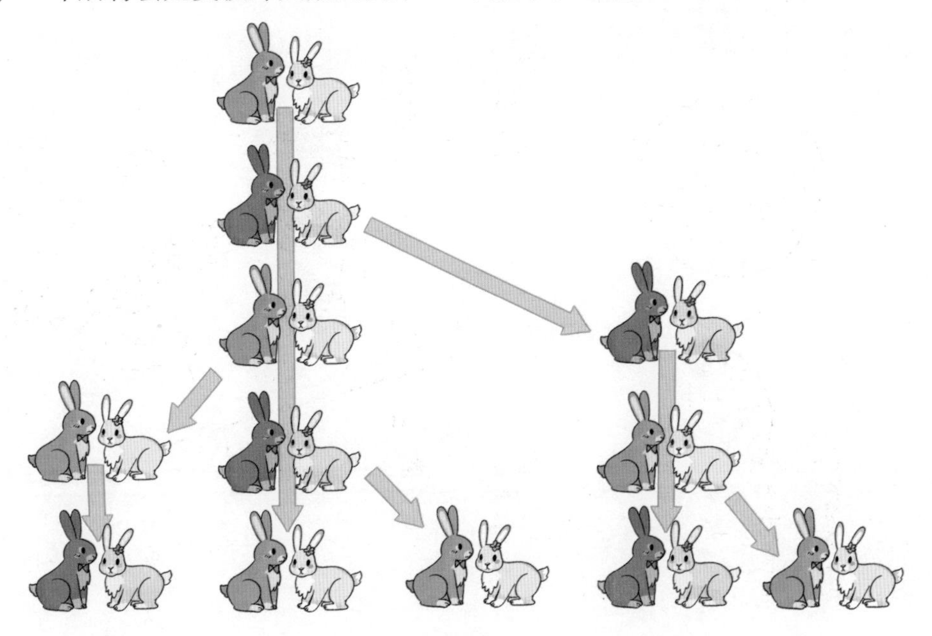

想办法公平分配

博士有一块面包和一块芝士，其中面包需要一分为二，芝士需要分成三份，你能平均分配好吗？

将面包一分为二，一半面包就是整个面包的二分之一，写作 $\frac{1}{2}$。$\frac{1}{2}$就是两等份中的一份。

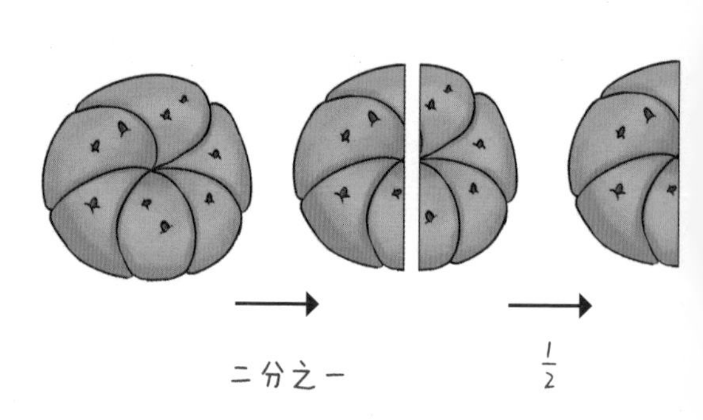

把芝士等分成三份，其中一份就是三分之一，写作 $\frac{1}{3}$。$\frac{1}{3}$就是三等份中的一份。

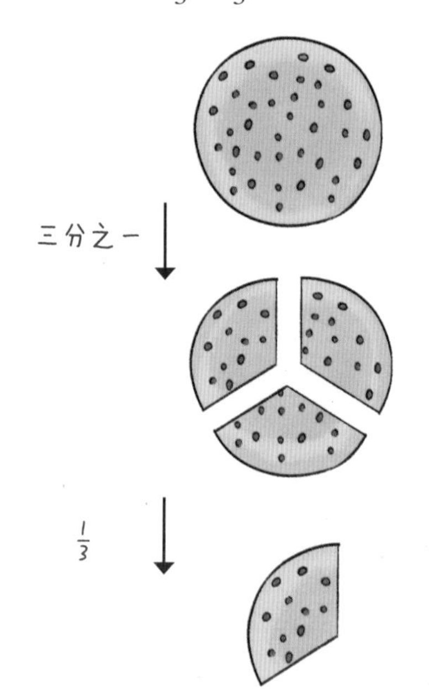

博士把面包一分为二，两个人各得 $\frac{1}{2}$。

芝士还得和猎狗一起分享，博士就把芝士平均分成三份，博士和他的朋友、猎狗各得一大块芝士中的 $\frac{1}{3}$。

分数表示一个数是另一个数的几分之几，或者一个事件与所有事件的比例。

裁缝得到一块漂亮的布料，想要平分它，怎么做呢？这块布可以分成两份，也可以分成三份或四份，而且等分的方法有很多种。

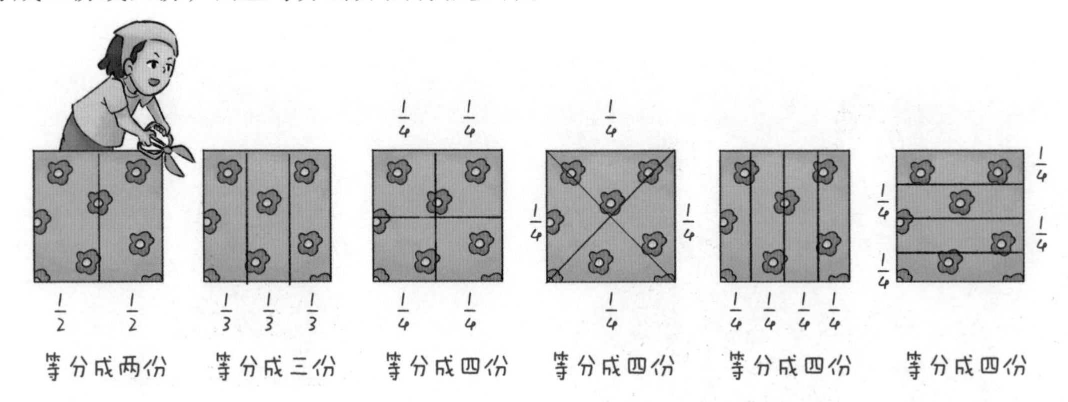

小红要去春游，妈妈专门烤了一个美味的蛋糕，还平均分成了四块，方便小红路上享用。

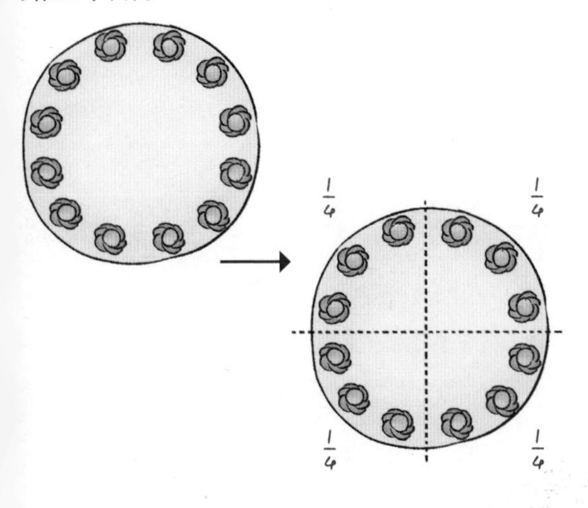

小红春游途中，肚子咕咕叫了起来，她停下休息，吃掉了第一块。4 块中吃掉了 1 块，还剩 3 块。吃掉的这一块就是整个蛋糕的 $\frac{1}{4}$，剩下的 3 块就是整个蛋糕的 $\frac{3}{4}$。

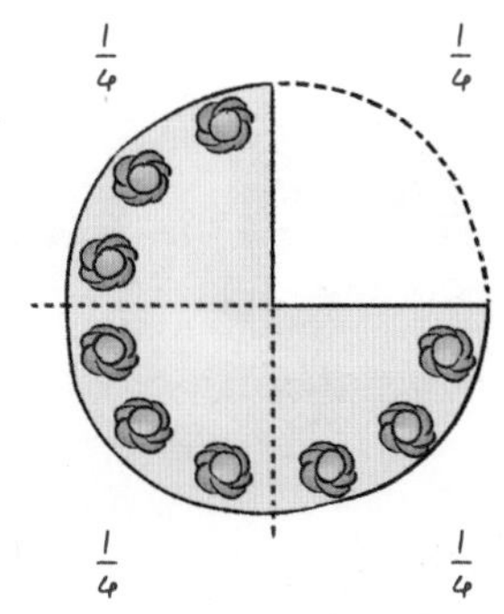

一块蛋糕不过瘾，小红又吃掉了一块。4 块吃掉了 2 块，还剩下 2 块。吃掉的 2 块是整个蛋糕的 $\frac{2}{4}$，剩下的 2 块也是整个蛋糕的 $\frac{2}{4}$。

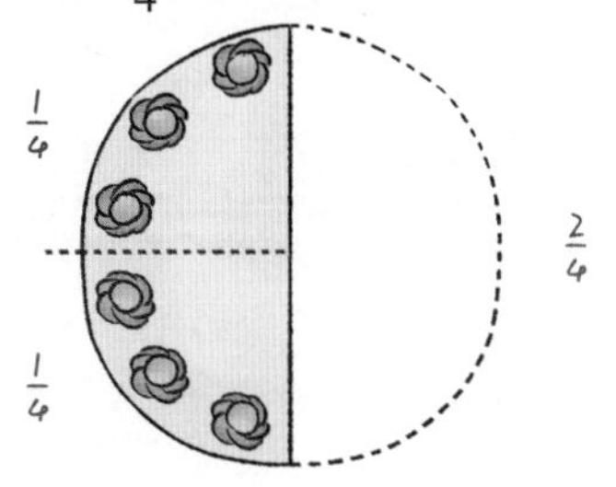

到了傍晚，小红忍不住又吃掉了第三块蛋糕。4 块吃掉了 3 块，还剩下 1 块。吃掉的 3 块是整个蛋糕的 $\frac{3}{4}$，剩下的 1 块是整个蛋糕的 $\frac{1}{4}$。

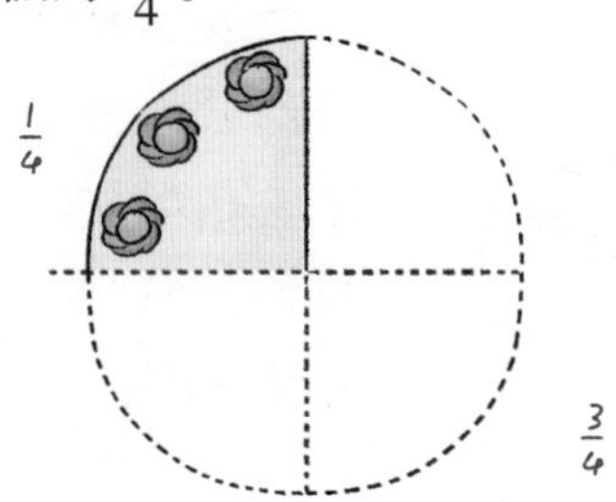

如果五个人要平分两盘比萨，应该怎么做呢？为了说清楚这个问题，我们不得不去古埃及对分数的诞生一探究竟。

大约 260 年前，英国一位探险家在埃及发现了写有分数的草皮纸，写在草皮纸上的分数据说除了$\frac{2}{3}$，其他都是以 1 为分子的分数。分子为 1 的分数其实叫作单位分数。

$$\frac{2}{5}=\frac{6}{15}=\frac{1}{15}+\frac{5}{15}=\frac{1}{15}+\frac{1}{3}$$

$$\frac{5}{9}=\frac{10}{18}=\frac{1}{18}+\frac{9}{18}=\frac{1}{18}+\frac{1}{2}$$

五个人平均分两盘比萨，$2 \div 5=\frac{2}{5}$，也就是每人吃 $\frac{2}{5}$ 的量。按照古埃及人的表示方式：$\frac{2}{5}=\frac{6}{15}=\frac{1}{15}+\frac{5}{15}=\frac{1}{15}+\frac{1}{3}$。

1. 把每盘比萨三等分，一共就是 6 块，每个人吃掉 $\frac{1}{3}$ 份，也就是每人吃掉 1 块。

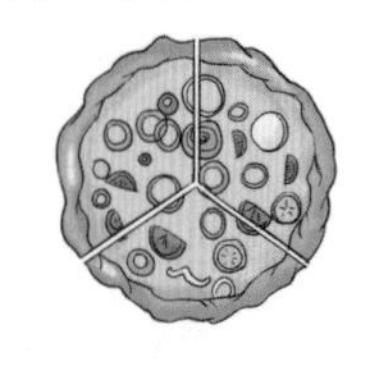

2. 还剩下 1 块，把这一块五等分，并一个人吃掉一份，实际上就吃掉了 $\frac{1}{15}$。

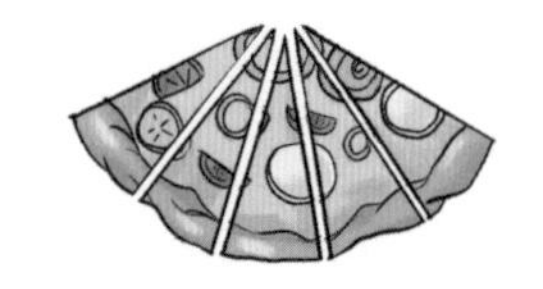

3. 一共加起来正好就是 $\frac{1}{15}+\frac{1}{3}$。

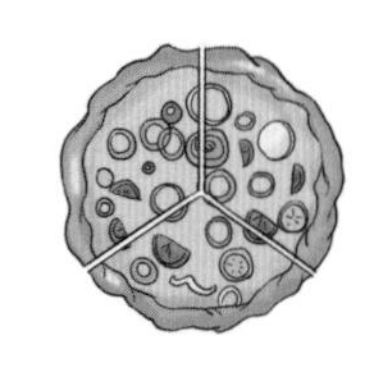

分数，其实就是表示整体中的部分的数。整体，在数学里，被称为分母。部分就是分子。

全部苹果中红苹果的数量

$=\frac{\text{红苹果的数量}}{\text{全部苹果的数量}}=\frac{1}{3}$ → 分子（部分）/ 分母（整体）

把三个苹果等分给两个人，就要先给每个人各分一个苹果，再把第三个苹果切成一样大的两份，再分给这两个人，所以每个人拿到的苹果数量是 $1\frac{1}{2}$。$3 \div 2$ 也可以用 $1\frac{1}{2}$ 这样的分数表示。

分数在日常生活中随处可见，而且会经常被用来进行数量计算。你吃掉了 10 厘米长的面包的 $\frac{2}{5}$。10 厘米的 $\frac{1}{5}$ 是 2 厘米，2 个 $\frac{1}{5}$ 是 4 厘米。

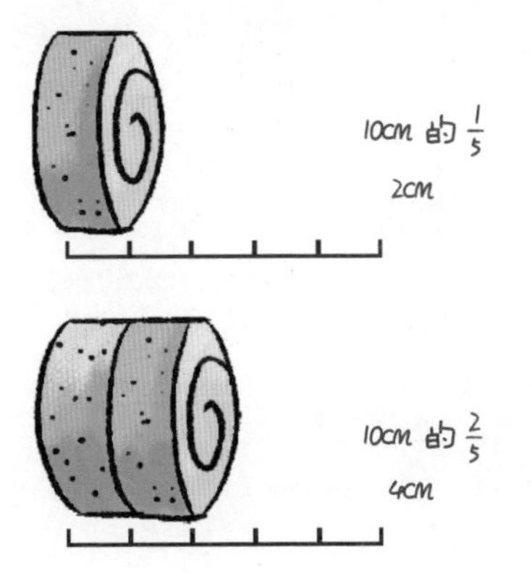

分数还可以表示度量，用一个作为标准量去度量另一个量。人的身高若是 2 米，猩猩的身高是 3 米，那么人的身高就是猩猩的 $\frac{2}{3}$，猩猩的身高是人的 $\frac{3}{2}$。

分数分为真分数、假分数和带分数。

真分数：分子小于分母的分数

（大于 0 小于 1）

$\frac{1}{2}$，$\frac{1}{3}$，$\frac{2}{5}$，$\frac{99}{100}$……

假分数：分子大于或等于分母的分数

（大于或等于 1）

$\frac{2}{2}$，$\frac{5}{4}$，$\frac{11}{7}$，$\frac{101}{100}$……

带分数：自然数和真分数的和

（假分数也可以用带分数表示）

$1\frac{1}{2}$，$2\frac{2}{5}$，$3\frac{5}{13}$……

红色占纸的 $\frac{8}{12}$，黄色占纸的 $\frac{4}{6}$，蓝色占纸的 $\frac{2}{3}$。这三个分数大小一样。分数的分子和分母同时乘或除以相同的数（0 除外），分数的大小不变。

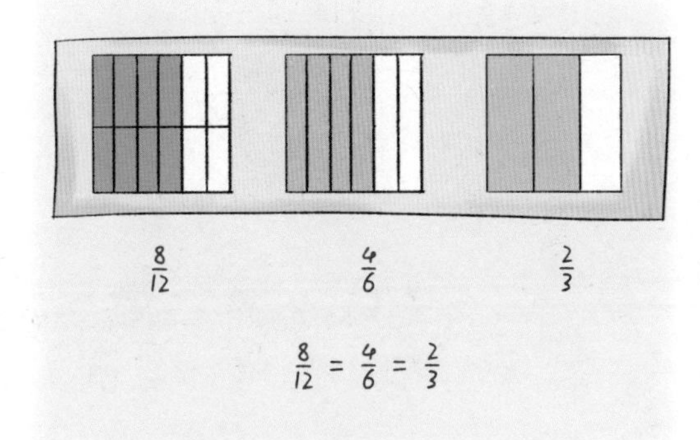

18 数之间怎么有个点

数字王国正在进行游园庆典活动，国王 0 站在高台上，看着数字们举行热闹非凡的庆典活动。

突然，队伍中闯进一个小圆点。国王很生气，命令小六子士兵将它带下去。小圆点不慌不忙地往小六子身上一靠，数字 6 瞬间缩小为原来的 $\frac{1}{10}$，变成了 0.6。

一个大个子士兵走来，它是 6600。小数点故技重施，6600 瞬间变矮了，成为 0.66。小数点刚想再靠近，最后面的两个 0 竟然吓跑了，变成了 0.66。

淘气包小圆点跑到数字中间，就会把整数变成小数。那么，什么是小数呢？

蜂鸟有多小

蜂鸟是世界上最小的鸟类之一，体长只有0.05米。我们先来看看0.01表示什么。

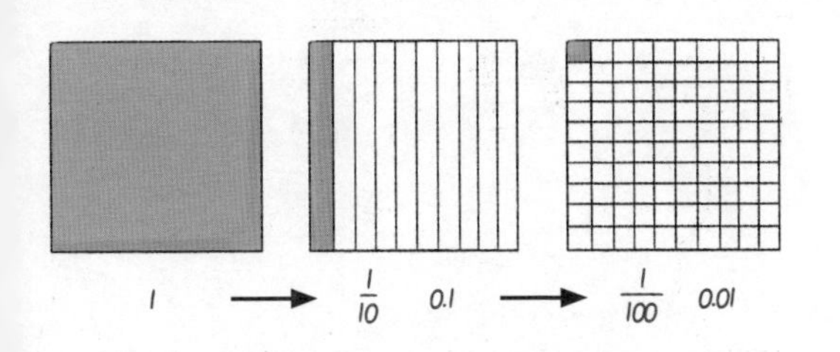

0.05表示什么？0.05就是$\frac{5}{100}$，由5个$\frac{1}{100}$组成，也就是由5个0.01组成。

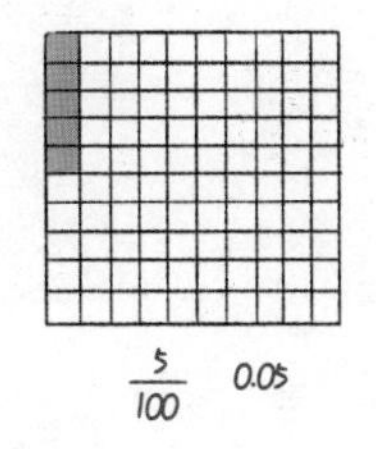

信天翁是世界上翅膀最长的鸟，但它的蛋重量却只有0.365千克。0.365就是365个$\frac{1}{1000}$，也就是说，0.365由365个0.001组成。

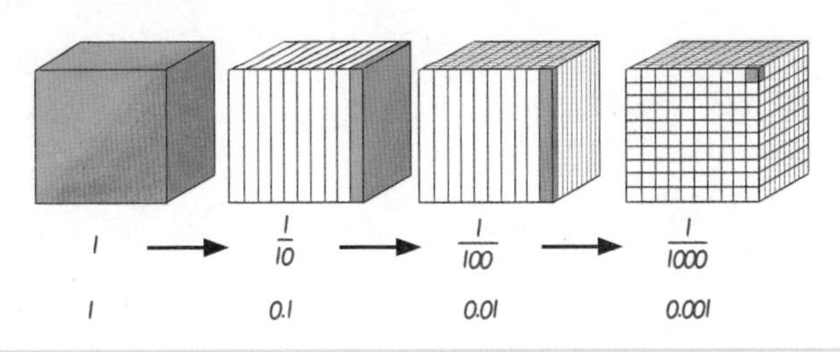

表示十分之几、百分之几、千分之几这样的数，叫作小数。小数的计数单位是十分之一、百分之一、千分之一……记作0.1、0.01、0.001。

数之间加个点

小数点的加入使小数产生。小数点在其中，左边是整数，右边是小数部分。

整数部分	小数点	小数部分				
个位	·	十分位	百分位	千分位	万分位	…
一（个）		十分之一	百分之一	千分之一	万分之一	
0	.	3	6	5		

小数点移位也藏着规律

5.14的小数点先向右移动一位，再向左移动两位，这个数发生了什么？

我向右移动一位，扩大到原来的10倍，变为51.4。
我又向左移动两位，又缩小了100倍，变为0.514。
原来，我缩小到原来的10倍。

甲数的小数点向左（右）移动1（2……）位，就等于乙数，表示甲数（乙数）是乙数（甲数）的10（100……）倍。

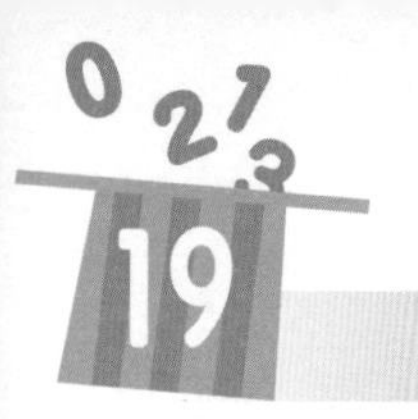

你相信0.999……=1吗

博士助手下班回家，兴冲冲地跑进房间，把自己关在房间里，一直埋头研究数学问题。

$\frac{1}{3}+\frac{1}{3}+\frac{1}{3}=\frac{3}{3}=1$

0.9999……=1

$\frac{1}{3}=0.3333$……，一个无限循环小数

$\frac{1}{3}+\frac{1}{3}+\frac{1}{3}=0.99999$……，也是一个无限循环小数

于是，外甥女跑到博士家，寻求博士的帮助。

0.99999……不是0.9，也不是0.99，甚至不能说0.99后面跟了一串很长的9，而应该是0.99后面跟了一串无穷长的9。它是一个无限循环小数，也就是一个无穷大的数。

0.99999可以拆分成这样

0.9999……=0.9+0.09+0.009+……

0.9、0.09、0.009……上式中的每一项都是某个小数点后面跟了一个9，我们可以写成这样的形式：

$$0.999\cdots\cdots=\frac{9}{10}+\frac{9}{100}+\frac{9}{1000}+\frac{9}{10000}+\cdots\cdots$$

$$=\frac{9}{10}+\frac{9}{10}\times(\frac{1}{10})+\frac{9}{10}\times(\frac{1}{100})+\frac{9}{10}\times(\frac{1}{1000})+\cdots\cdots$$

$$=\frac{9}{10}+\frac{9}{10}\times(\frac{1}{10})^1+\frac{9}{10}\times(\frac{1}{10})^2+\frac{9}{10}\times(\frac{1}{10})^3+\cdots\cdots$$

$$=\frac{9}{10}\times[1+\frac{1}{10}+(\frac{1}{10})^2+(\frac{1}{10})^3+\cdots\cdots]$$

$$\frac{9}{10}\times(1+\frac{1}{10}+(\frac{1}{10})^2+(\frac{1}{10})^3+\cdots\cdots)$$

括号内部是一个无限等比数列。按照等比数列的公式，我们可以这样接着计算：

$$0.999\cdots\cdots=\frac{9}{10}\times(\frac{1}{1-\frac{1}{10}})$$

$$=\frac{9}{10}\times(\frac{1}{\frac{9}{10}})$$

$$=1$$

关于无穷大，这里还有一个有意思的例子。

博士助手从家走路去公司上班，要先走完路程的 $\frac{1}{2}$，再走完剩下总路程的 $\frac{1}{2}$，再走完剩下的 $\frac{1}{2}$ ……如此循环下去，是不是永远不能到公司呢？

我的走路速度一直不变，从A点到B点，实际需要的时间是 $\frac{1}{2}+\frac{1}{4}+\frac{1}{8}+\cdots\cdots$，这个式子可以无穷加下去。

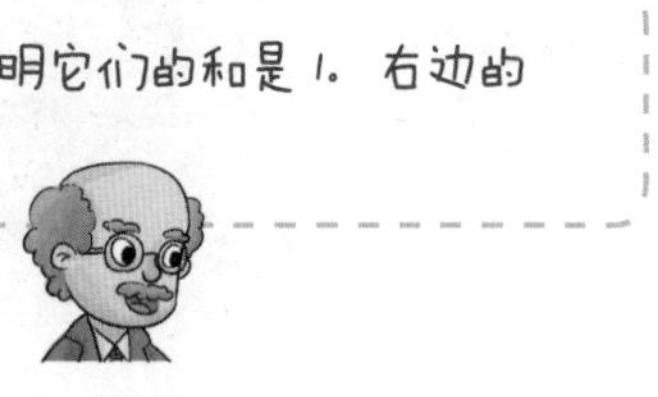

我们可以证明它们的和是1。右边的图一目了然。

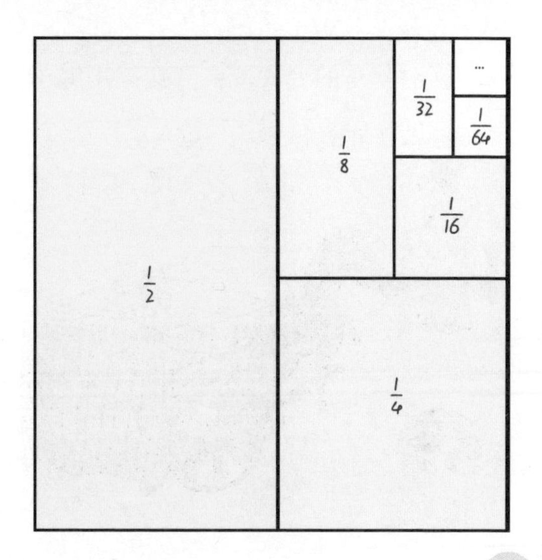

20 祖冲之和他的 π

祖冲之是我国南北朝时期的大数学家和天文学家。他是研究 π 的第一人，和 π 可是有一个有趣的故事。

3.1415926……

他从小就痴迷数学和天文。一天晚上，祖冲之躺在床上想起白天老师说的“圆周是直径的 3 倍”，可是他总觉得这话似乎不对。

第二天一早，他拿了一段妈妈量鞋用的绳子，跑到村头的路旁，等待过往的车辆。

一会儿，来了一辆马车，祖冲之叫住马车，对驾车的老人说：“让我用绳子量一量您的车轮，行吗？”老人点点头。

祖冲之先用绳子量了量车轮一周的长度，又把那一段绳子折成同样大小的 3 段，再去量车轮的直径。量来量去，车轮的直径也不是圆周长的 $\frac{1}{3}$。

祖冲之一连量了好几辆马车车轮的直径和周长，得出的结论是一样的。

这个困惑一直萦绕在他的脑海里。经过多年研究，祖冲之终于研究出圆周率为3.1415927> π >3.1415926。

这是当时世界上最精确的数值，他也因此成为世界上第一个把圆周率的准确数值计算到小数点以后第 7 位数字的人。1000 多年以后这个纪录才被欧洲人打破。

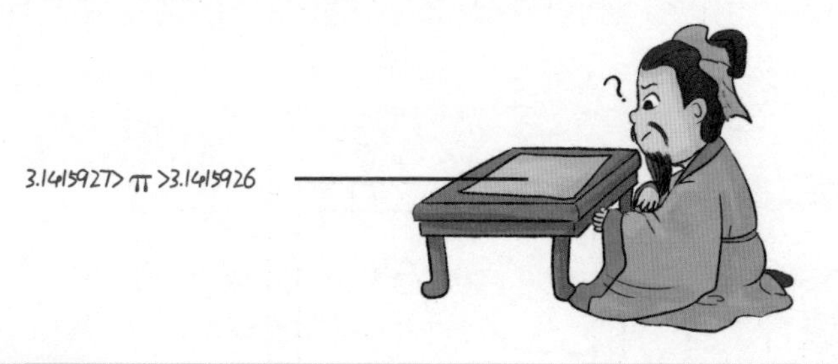

祖冲之
江苏南京人
南北朝时期数学家、天文家
最大成就：
算到圆周率的第七位数字

圆的大小即使不同，圆的周长与直径的比值都是不变的，叫作圆周率。

1706 年，英国人威廉·卢瑟福首先使用 π 这个希腊字母表示圆周率。圆周率其实是一个无限小数，为方便使用，人们规定它为 3.14。

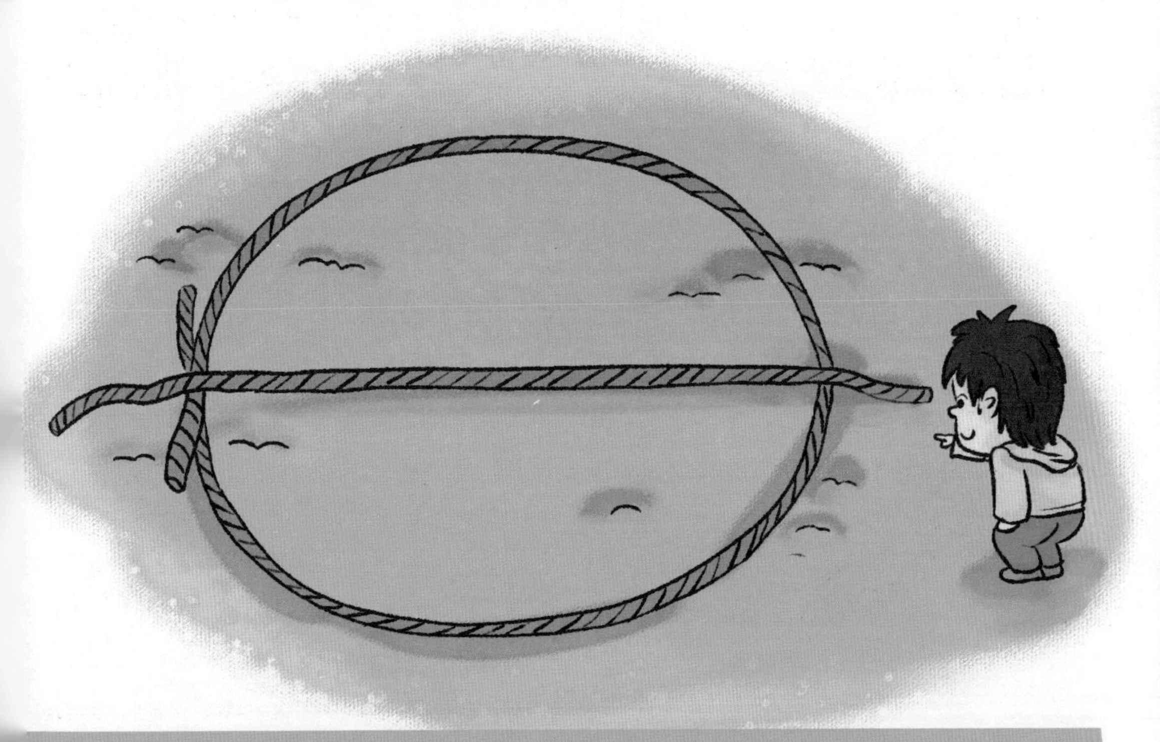

小朋友，你能背到圆周率的第几位小数呢？ 3.1415926……

21 世界上最美的黄金分割比例

想要在家中墙上挂一幅画，你会选择多大的画框？你又会将画挂在哪个位置呢？想要挂好这幅画可没那么简单，即便是微调位置也不是件易事。这涉及比例这一数学问题，而且还得是最美丽的比例——黄金分割比例。

黄金分割比例

黄金分割，是一个数的比例关系。也就是，把一条线分为两部分，长段与短段之比正好等于整条线与长段之比，其大致的数值比为 0.618 : 1 或 1 : 0.618，也就是说长段的平方等于全长与短段的乘积。

我是毕达哥拉斯，黄金分割比例是我发现的。
我是柏拉图，我给它取名黄金分割。

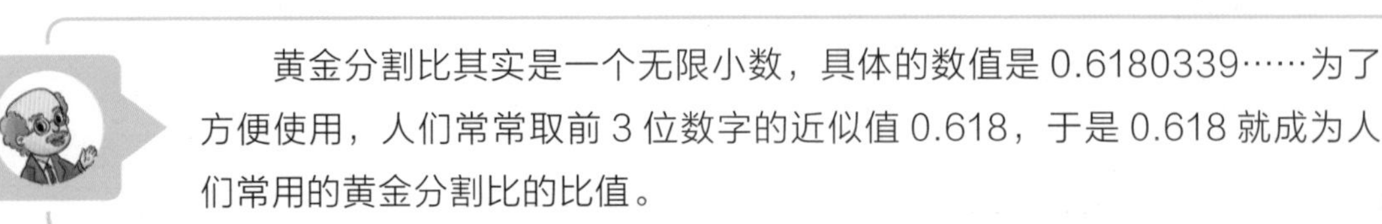

黄金分割比其实是一个无限小数，具体的数值是 0.6180339……为了方便使用，人们常常取前 3 位数字的近似值 0.618，于是 0.618 就成为人们常用的黄金分割比的比值。

五角星的秘密

五角星是我们生活中最常见的图形之一，大到我们的国旗，小到老师奖励小朋友用的印章都有五角星的图案。

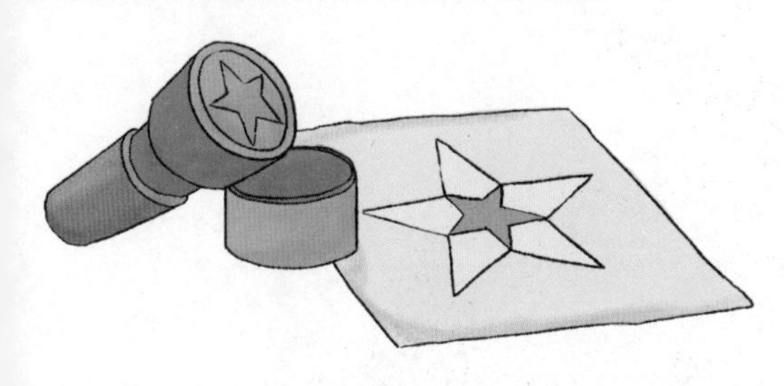

以此类推，我们可以在正五边形内画出无穷无尽的小五角星和小正五边形。

还有更奇妙的规律！我们把五角星里面出现的线段从长到短排个序，你会发现一共有四种长度的线段，分别为红线段、蓝线段、绿线段、粉线段。

经计算，用蓝线段的长度除以红线段的长度得到的数，和用绿线段长度除以蓝线段长度得到的数，以及用粉线段长度除以绿线段长度得到的数，都是完全一样的，约为 0.618。这个比值就是黄金分割比。

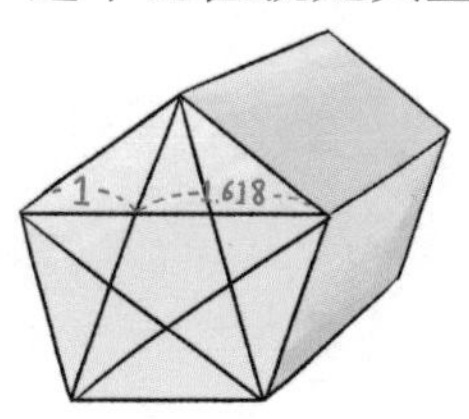

寻找黄金分割比

在许多古代建筑与艺术作品里，我们都能看到黄金分割比的存在。

雅典神庙中，就多次出现了黄金分割比。图中每两条长度相邻的线段之间都满足黄金分割比。

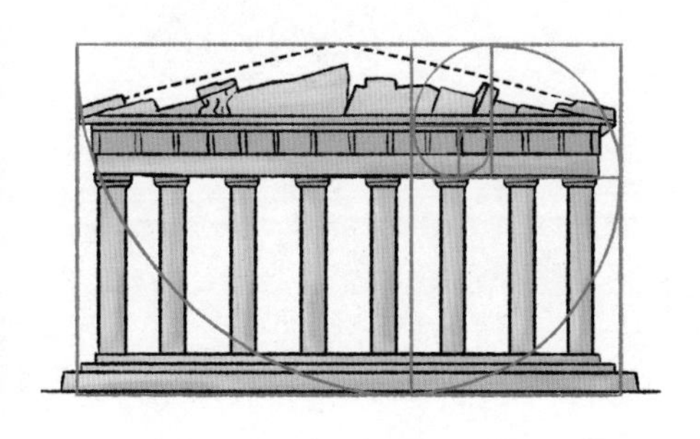

5000 多年前古埃及的金字塔，它大致呈方锥形，其高度与底边长度的比值也约等于黄金分割比。

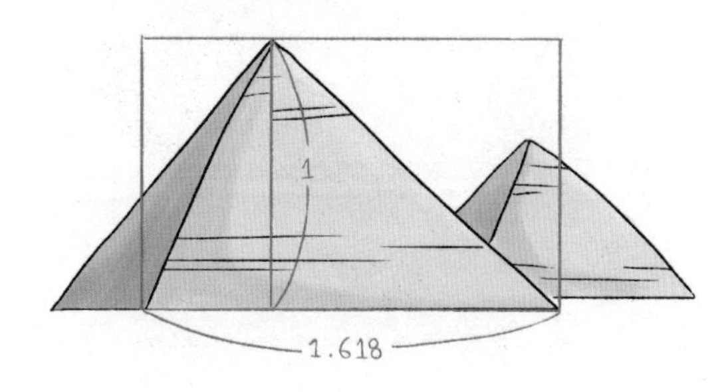

22 迷宫里的问题（比例）

三个好朋友在玩套圈游戏，你知道谁的套圈水平最高吗？

圈中的比是 12：16，
比值是 $\frac{12}{16}=\frac{3}{4}$
圈中的比是 8：10，
比值是 $\frac{8}{10}=\frac{4}{5}$
圈中的比是 9：12，比值是 $\frac{9}{12}=\frac{3}{4}$

足球比赛开始了，电视画面上常会出现 2∶0 这样的数字。读作 2 比 0，书写时在两数中间加上比号“∶”。

巴西队进了三个球，日本队进了一个球，应该写 3∶1 还是 1∶3 呢？其实二者皆可，但是如果是以日本队进的球数为标准量，就要写成 3∶1。

前者是比较量，后者是标准量。

7
5

比值不同于比。比是两个数的比较，比值是两数相比所得的值，比值 = 比较量 / 标准量。

你折了 10 朵纸花，其中 7 朵是玫瑰。总花数为标准量，玫瑰花数为比较量，应该写成 7∶ 10，比值是 $\frac{7}{10}$。

玫瑰花数为标准量，总花数为比较量，应该写成 10∶ 7，比值是 $\frac{10}{7}$。

还有一种比，我们在超市或商场里经常可见，那里会写着“三折”或“五折”的广告牌。关于折扣，其实和百分率是一样的。三折相当于 30%，五折就是 50%。百分率，以 100 为标准量的比，用符号“%”表示，读作“百分之”。

下面的折扣，你能算出哪个机器人模型的价格最贵吗？

机器人 1：原价 12000 元，打八折后，售价是原价的 80%，$12000\times\frac{80}{100}=9600$，售价为 9600 元。

机器人 2：原价 13000 元，打七折后，售价是原价的 70%，$13000\times\frac{70}{100}=9100$，售价为 9100 元。

机器人 3：原价 10000 元，打九折后，售价是原价的 90%，$10000\times\frac{90}{100}=9000$，售价为 9000 元。

所以，机器人 1 的价格最贵，是 9600 元。

有些小朋友喜欢买文具。文具店里，一捆铅笔卖 24 元，买 5 捆铅笔需要花多少钱呢？

23 可能情况是个数

古镇一处偏僻的庄园里，美丽的小小一直和奶奶住在一起。白天的小小总是欢歌笑语，一到晚上，梦里的她总会想起妈妈。

她累得抬头看了看炙热的太阳，乞求太阳告诉她妈妈在哪里。太阳公公让她抛硬币，如果人像那面朝上，就会告诉她。

这一天，小小带上面包和水壶，下决心启程去找妈妈。

抛硬币的可能情况有两种，有可能是人像，也有可能是数字。可惜小小抛出了数字那一面，运气不太好。太阳公公不能告诉小小妈妈在哪里。

小小只好继续赶路，看到了月亮姐姐，想让月亮姐姐告诉她妈妈在哪里。月亮姐姐给她3颗珠子，让小小摸珠子，只要摸中红色的珠子就告诉她。

珠子有红、黄、蓝三种颜色，从中拿出1颗，可能是红色珠子，也可能是黄色珠子，还可能是蓝色珠子。可惜小小掏出的是蓝色珠子。

小小带着最后的希望，看到了小星星。小星星给了她一个骰子，只要投出6，就可以知道妈妈在哪里。

骰子有6个面，分别刻着1到6不同的点数，投掷骰子时，可能出现1、2、3、4、5、6，有6种情况。小小投掷到6，运气太好了！小星星把妈妈的位置告诉了她。

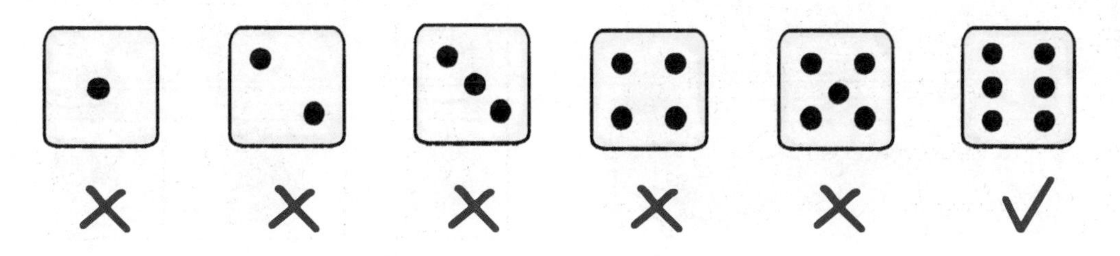

小小高兴地去妈妈所在的大城堡，一路披荆斩棘，大城堡就在远处的山顶。可是，去那里的路却有4种情况。

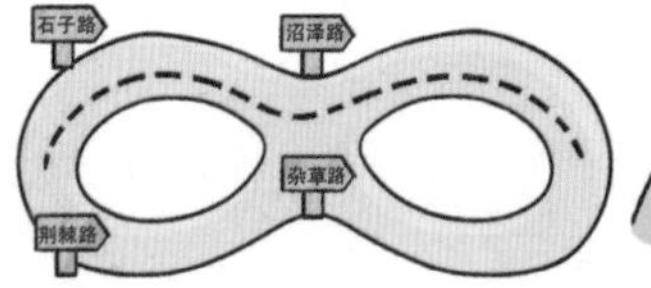

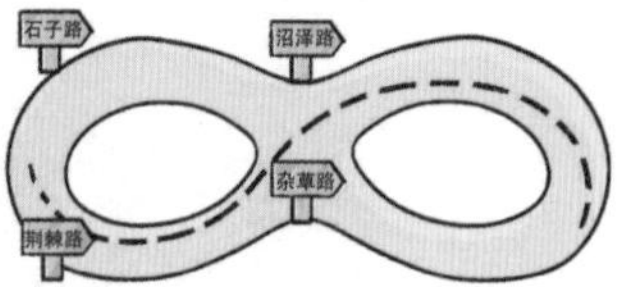

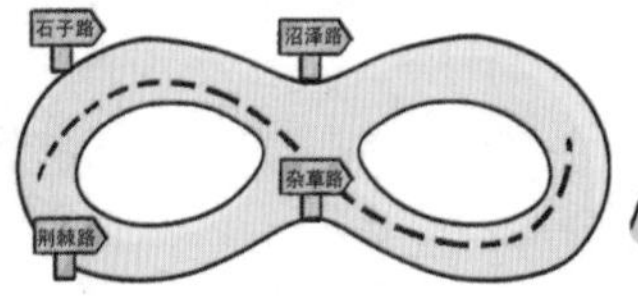

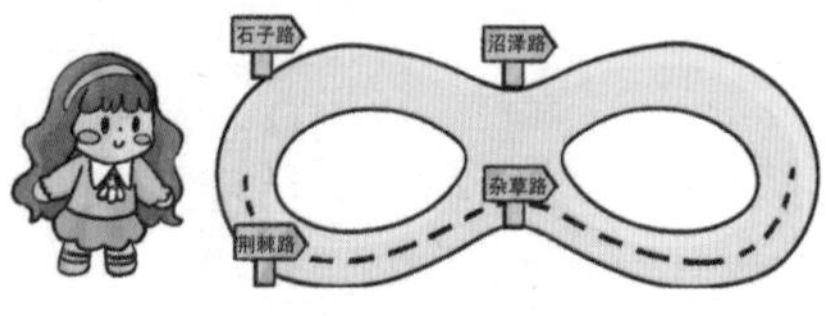

历尽千辛万苦，小小终于来到了城堡，城堡的小丑接待了小小，还让小小挑选合适的衣服换上。

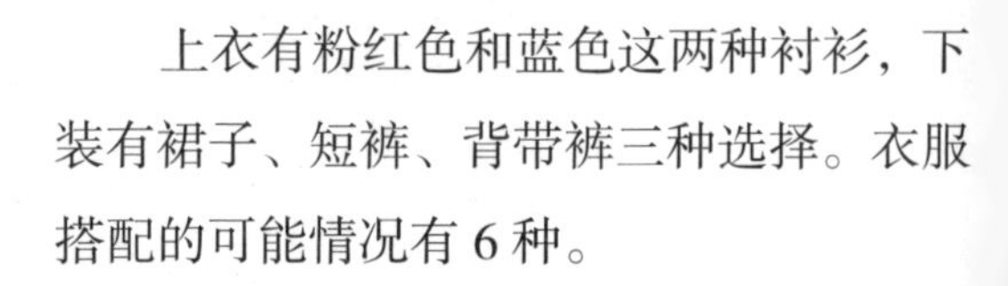

上衣有粉红色和蓝色这两种衬衫，下装有裙子、短裤、背带裤三种选择。衣服搭配的可能情况有6种。

换好衣服的小小在小丑的带领下，终于和妈妈见面了。

抛硬币、摸珠子、掷骰子、选路、搭配衣服……它们都与概率相关。概率就是某件事情发生的可能性。抛硬币的可能情况是 2，成功的可能性比较高。掷骰子有 6 种可能情况，难度明显大多了，成功的概率更低。

24 生活中的负数

吐鲁番，位于新疆，日温差很大，3 月份平均最高气温在零上 13℃，最低气温在零下 3℃。

晚上穿棉袄，中午穿风衣。

温度的单位是摄氏度，符号℃。气温测量需要温度计，它以 0℃为分界线。零上 13℃在 0℃以上，零下 3℃在 0℃以下。我们怎么记录两个温度呢？

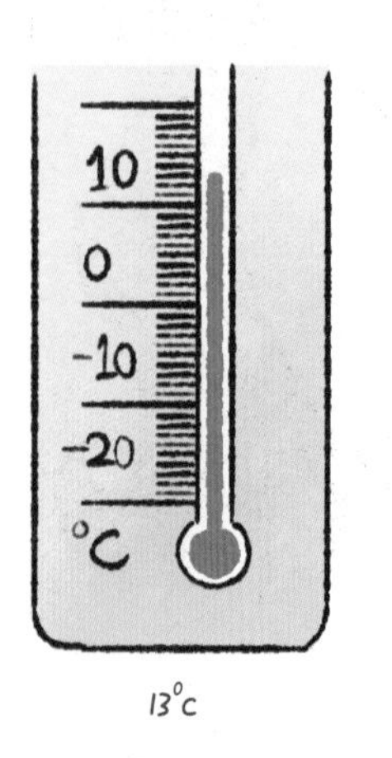

13°C

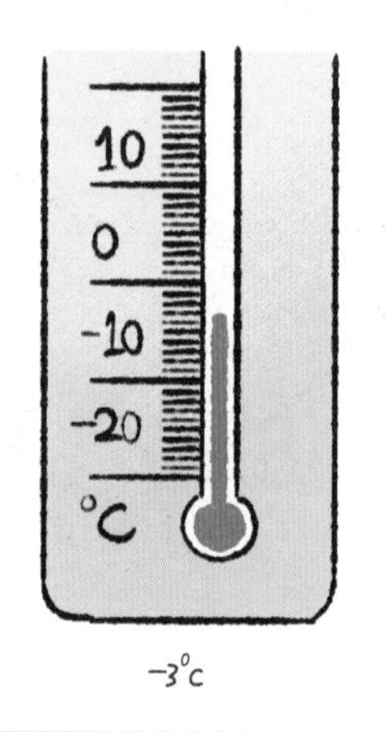

-3°C

珠穆朗玛峰高出海平面 8848.86 米，记作“+8848.86 米”；吐鲁番盆地低于海平面 155 米，记作“–155 米”。

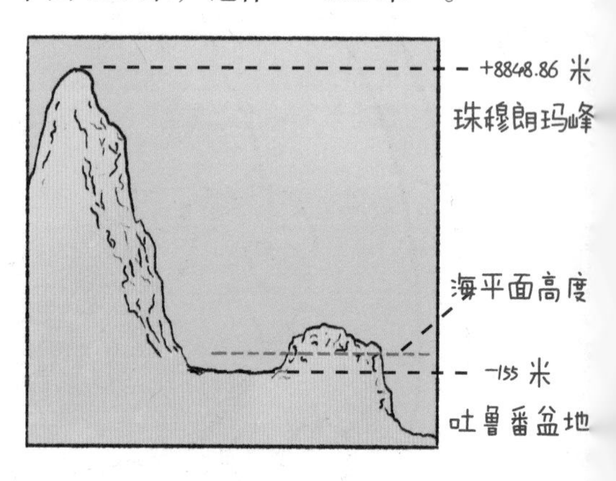

把海平面看成分界线，用 0 表示。
比海平面低 155 米 = -155 米
比海平面高 8848.86 米 =+8848.86 米

+13、+831.7……都是正数，“+”是正号，通常省略不写。+13 读作正十三。–3、–155.31……都是负数，“–”是负号，–3 读作“负三”。

除此之外，收入和支出也会使用正负数表示。

五月份，小明的爸爸收入工资 5000 元，妈妈工资收入 4500 元。

小明在家庭开支表格上记下了爸爸妈妈的收入，前面用“+”表示，其中水、电、天然气支出为 250 元，话费支出为 200 元。

日期	项目	收支情况／元
5月1日	爸爸工资	+5000
5月2日	妈妈工资	+4500
5月5日	水费预存	−50
5月5日	天然气预存	−100
5月5日	电费预存	−100
5月8日	话费预存	−200

在负数的世界里，两个负数比较大小，就和正数完全相反。负号后面的数越大，实际反而小，小的反而大。试着用数轴表示正负数，从左到右的顺序就是从小到大的顺序。

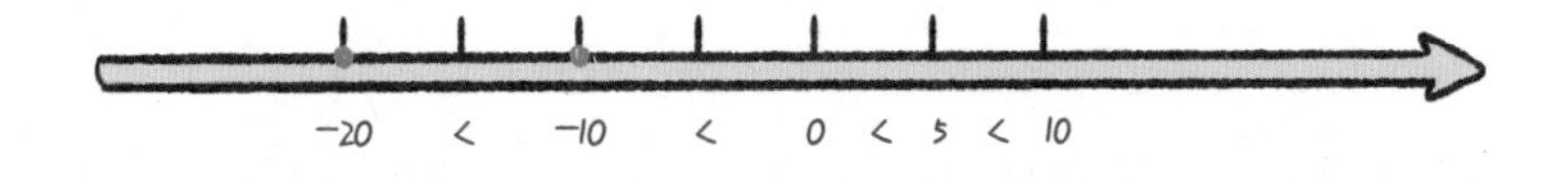

【小知识】

数的世界特别奇妙，一张图告诉你谁包含谁。

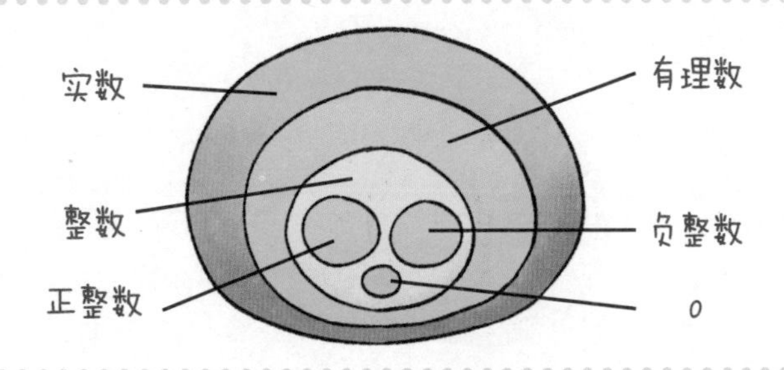

用数代表时间

小明上学总会迟到，老师指着墙上的钟表，询问他是否会看钟表。不出所料，小明果然不会。

钟表是一种计时工具，有三根针，最长的是秒针，中等长的指针叫作分针，最短的叫作时针。由于生活中对秒针需求较少，我们在这里只讨论时针和分针。分针转一圈，短的时针只转1格。

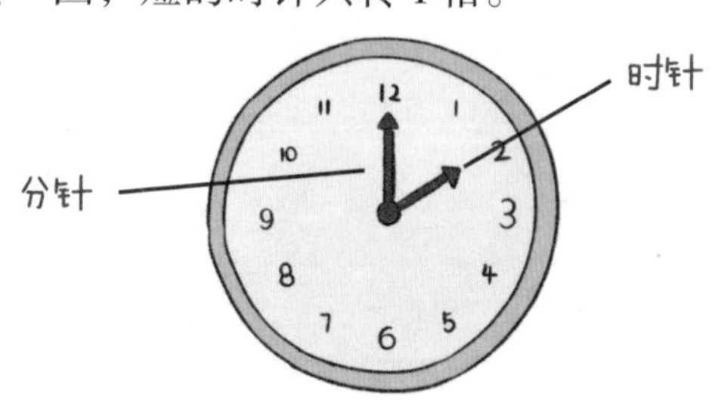

看钟表时，首先确认分针是否指向12。如果指向12，便是整点。然后，看清楚短针，短针指向数字几，就在数字后面加上“时”，这样就读出时间啦！

短针指向数字1，那就是1时。指向数字3，那就是3时。指向数字6，那就是6时。

如果长针指向数字6，就是在30分了。再确认短针在哪两个数字之间，取较小的数字，读出几时30分。

长针指向数字6，短针指向2和3之间，现在时间是2时30分。

这里有个例外，当短针指向数字12和1之间时，需要读作12时30分。

长针指向12是整时，指向6时是30分，那么9、10、11……又代表几分呢？

分针每走一个大格，时间就过去5分钟。

一天有24小时，分为白天和黑夜。从清晨到中午12时的一段时间称为上午，从中午12时到日落的一段时间称为下午。

同一个数字时间，上午和下午的样子有什么不同呢？

同样都是6时，上午的太阳在升起，人们还在睡觉；下午的太阳在落山，人们要回家了。

同样都是9时，上午的太阳完全升起，人们已经进入工作状态；晚上的月亮升起，人们准备上床睡觉。

同样都是12时，上午的太阳高挂，人们正在吃午饭；晚上漆黑一片，人们正在梦中沉睡。

果果家的钟停了，电视显示3时整。妈妈拿起钟表和电视对时间，可是不小心弄错了，时针和分针颠倒了。

爸爸下班一看，发现钟表时针还是指向3时的位置。事实上，现在到底应该几时呢？

爸爸下班后看见钟面显示3时，其实中间已经过了2小时45分，因此，爸爸下班时应该是5时45分。

26 寻找缺失的数

方格中有一些隐藏起来的数，需要我们运用逻辑思维能力、算术能力等来推理，寻找那些缺失的数字。

数独

你的面前是一个 9×9 的大方格，大方格又由 9 个 3×3 的小方格组成。在每个小方格、每行、每列中，需要填入 1~9 这些数字，而且每个数字只能出现一次。

先看数字最多的那行、那列或者 3×3 的小方格，从中找到突破点。如果某个数字有可能填在某个空白处，先用铅笔填写在角落里，确定后再重新填好。

已经完成的方格

2	5	7	4	8	1	9	6	3
1	9	3	6	2	7	5	4	8
8	4	6	5	3	9	1	7	2
3	6	1	7	5	8	2	9	4
9	8	5	1	4	3	7	3	6
7	2	4	9	6	2	8	5	1
6	3	2	8	7	5	4	1	9
4	7	9	2	1	6	3	8	5
5	1	8	3	9	4	6	2	7

列

行

小方格

数独也有难易程度之分，我们先试试初级难度的题吧！

请你来填数！

1		6	4	8		3		
	8			2	3			6
	2						9	7
		2	8		7			
	1			3			7	
		7	9		2	4	8	
9	4			6			1	2
7	3						5	
	6	8		7	5	9	3	

【答案】

1	7	6	4	8	9	3	2	5
5	8	9	7	2	3	1	4	6
4	2	3	6	5	1	8	9	7
3	9	2	8	4	7	5	6	1
8	1	4	5	3	6	2	7	9
6	5	7	9	1	2	4	8	3
9	4	5	3	6	8	7	1	2
7	3	1	2	9	4	6	5	8
2	6	8	1	7	5	9	3	4

先找三个相同的数字，中间那块区域的下面和中间的 3×3 方格都出现过数字 7，而且分别占了两列，所以上面那个 3×3 方格中的数字 7 就应该在最左边那列。那列有两个空格，但你仔细观察就知道只有一个格子可以填 7。

数圈

数圈游戏，每个圆圈里的数字就是环绕它周围四个方格数字的总和，整个大方格中数字 1~9 只能出现一次，通过计算将空白方格填满。

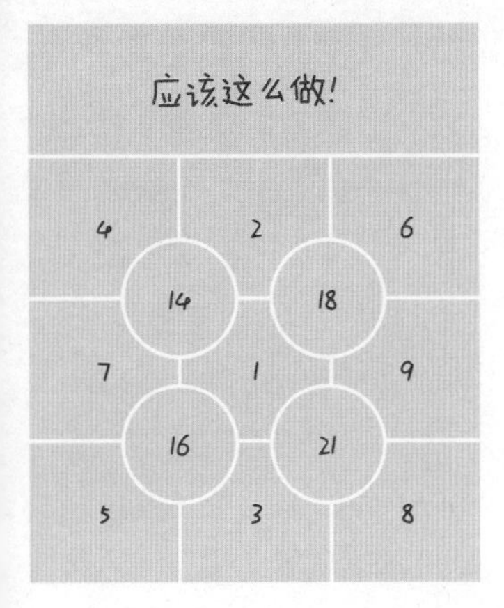

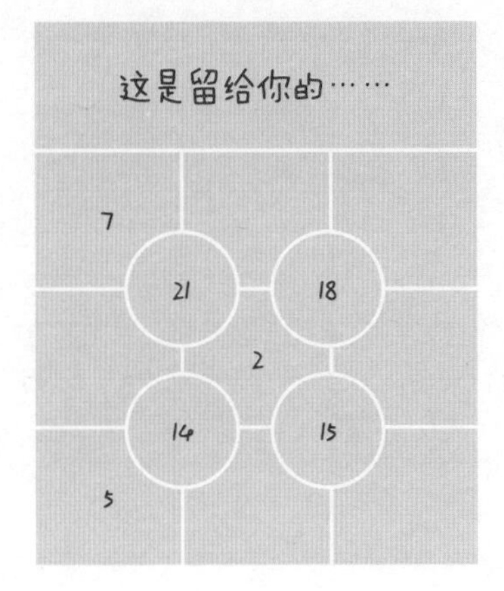

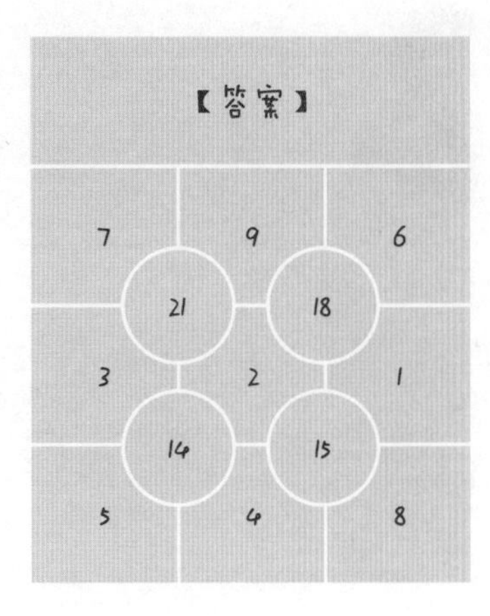

数字 1~9 只能用一次，现在你可以自己试着去完成这个数圈了。

数谜

除去数字，数谜有点类似填字游戏。在空白方格中填入数字 1~9，可以重复出现。这些数字的总和要与每列最上面的那个数字以及每行最左边的那个数字相等。

怎么算?

		21	17
	15	7	8
	3 \ 15	6	9
5	2	3	
6	1	5	

试试这个吧!

	17	20			3	8
16				22 \ 4		
13		5	12 \ 15			5
	21		4		8	
	7	16 \ 9	1			10
17		9		3		
13				12		

【答案】

	17	20			3	8
16	9	7		22 \ 4	1	3
13	8	5	12 \ 15	8	2	5
	21	8	4	9	8	
	7	16 \ 9	1	5	3	10
17	1	9	7	3	1	2
13	6	7		12	4	8